유기화학

초간단 입문서

유기화학
초간단 입문서

그레이엄 패트릭 지음 | 김지흥 옮김

ORGANIC CHEMISTRY
A Very Short Introduction

성균관대학교
출 판 부

VERY SHORT INTRODUCTIONS(VSI) 시리즈 북은 새로운 주제에 대한 고무적이고 접근하기 쉬운 방법을 원하는 모든 사람을 위한 지침서이다. 이 책들은 전문가에 의해 집필되었고, 45개 이상의 다른 언어로 번역되었다. 이 시리즈는 1995년에 시작되었고, 현재 모든 분야에서 다양한 주제를 다루고 있다. VSI 라이브러리에는 현재 500권 이상의 책이(심리학 및 과학철학에서 미국역사 및 상대성 이론에 이르는 모든 것에 대한 매우 짧은 소개) 수록되어 있으며, 모든 주제 영역에서 지속적으로 성장해 나갈 것이다.

서문

옥스퍼드 VSI 시리즈는 옥스퍼드 대학출판사에서 발간되는 대중적이고 많은 호평을 받고 있는 짧은 소개 책자 형식의 시리즈이다. 이 시리즈는 과학, 사회과학, 인문 분야를 넘나드는 넓은 영역의 주제를 다루고 있다. 이 책들은 일반독자, 학생들, 그리고 전공자들을 포함하는 폭넓은 청중을 대상으로, 다양한 주제에 대한 간결하고 함축적으로 소개하기 위한 목적으로 집필되었다.

본 VSI 시리즈 북 'Organic Chemistry–A Very Short Introduction'에서, 저자 그레이엄 패트릭(Graham Patrick)은 유기화합물의 넓은 범위와 특성에 대해 강조하고 있다. 이 책은 유기화학이란 화학의 한 영역을 다루는 전공 도서의 성격이기보다는 우리 인류의 실생활과 자연 및 환경 나아가 첨단의 과학발전 분야에 깊이 연관되어 있는 '탄소–함유 화합물의 화학', 즉 유기화학을 인류 관심사의 한 주제로 선정하여, 그 내용을 유기분자의 구조, 합성 및 생합성에 관한 기초 원리부터 시작해서 유기화학이 식품, 화장품, 연료, 플라스틱, 의약품, 농약, 및 나노기술 등의 여러 소재 산업에서 그 응용에 미치는 광범위한 영향에 관하여 그 포괄적인 내용을 함축적으로 기술하고 있다. 또한 저자는 미래를 내다보면서 그래핀과 로탁세인과 같은 신물질이 가져올 흥미진진한 가능성들에 관해서 소개하고 있다.

그림 목록(List of Figures)

1	주기율표	12
2	우레아 합성	13
3	탄소 원자	18
4	메탄	20
5	에탄	21
6	메탄알(a)과 에타인(b)	22
7	메탄, 에탄, 및 에스트라디올의 구조	24
8	에탄과 에스트라디올의 약식 화학구조식	25
9	메탄의 정사면체 모양	26
10	에텐과 에타인의 분자 형태	27
11	2-부텐의 시스와 트랜스 이성질체	27
12	벤젠과 사이클로헥산의 정면 뷰(a)와 측면 뷰(b)	28
13	수소원자를 포함한 벤젠과 사이클로헥산의 측면 뷰	29
14	전자의 비편재화를 나타내는 벤젠의 묘사	30
15	두 개 다른 시각으로 본 에스트라디올의 모양	30
16	쐐기-모양 결합을 포함하는 에스트라디올의 구조	31
17	알라닌의 두 개 거울이성질체	32
18	일반적인 작용기의 예(R은 분자의 나머지를 나타냄)	35
19	카르복실산(a), 아민(b), 그리고 페놀(c)의 이온화	36
20	물 분자(a)와 카르복실산(b)의 분자간 수소결합	38
21	서로 다른 분자상의 두 개 반대 전하간 이온상호작용	39
22	메피바카인(mepivacaine) 합성	44
23	프로프라놀올(propranolol) 합성	45
24	위치선택적 반응(굵은 화살표의 중요성에 대해서는 이 장의 마지막에 설명함)	46
25	디마졸(dimazole) 합성	47
26	프로카인(procaine) 합성	48
27	벤조카인(benzocaine)과 모르핀(morphine)의 분자 복잡성 비교	50
28	호기심 또는 도전의식으로부터 합성된 분자들의 예	51
29	레트로합성(역합성)	54
30	(그림 29)에 나타낸 레트로합성에 상응하는 합성반응	54
31	박막 크로마토그래피(Thin Layer Chromatography, TLC)	57
32	TLC를 사용한 시간에 따른 반응의 모니터	58
33	케톤의 알코올로 환원	59
34	2-부탄온과 2-부탄올의 IR 스펙트럼	60
35	반응 혼합물로부터 아민과 카르복실산을 제거하는 데 사용하는 추출공정	63
36	2-부탄온과 2-부탄올의 13C NMR 스펙트럼 비교	68

37	2-부탄온의 1H NMR 스팩트럼	69
38	1-브로모프로판과 NaOH의 반응	71
39	(그림 38)에 나타낸 반응에 대한 반응 메커니즘	71
40	아미노산이 한번에 하나씩 결합하여 형성되는 단백질의 생합성	75
41	선택된 α-아미노산의 구조	75
42	각 α-탄소에 치환그룹 R1, R2, R3. 등이 결합된 단백질의 폴리펩타이드 골격	76
43	핵산(R=H 또는 OH)의 일반적인 구조	77
44	DNA에 존재하는 핵산 염기들	78
45	DNA의 이중 나선구조	79
46	스테로이드 생합성에 관련된 반응	80
47	페니실린 G의 일반적인 생합성 반응	81
48	효소-촉매 반응의 전체적인 과정	82
49	기질이 효소의 활성점에 의해 인식되는 과정	83
50	아세틸콜린의 효소-촉매 가수분해	83
51	DNA 사슬의 복제(replication)	87
52	번역(translation)	88
53	아데닌과 리보스의 가능한 빌딩 블록	90
54	의약품 개발의 전형적인 접근법	107
55	에스트라디올의 약물특이분자단	114
56	도파민의 서로 다른 분자형태(conformation)	115
57	도파민의 강직한 유사체 분자	116
58	유기염소계 살충제의 예	136
59	파이소스티그민(physostigmine)과 살충제 카바릴(carbaryl)	138
60	아세틸콜린에스터라제 촉매작용에 의한 아세틸콜린의 가수분해	139
61	아세틸콜린에스터라제의 활성점에 있는 세린(serine) 잔기와 디플로스(dyflos)의 반응	139
62	살충제로 사용되는 유기인산염 전구약물	140
63	피레트린(pyrethrins)의 구조	141
64	상승제(synergist)의 예	142
65	피레트로이드(pyrethroid)의 예	143
66	아세틸콜린, 니코틴, 및 이미다클로프리드의 주요 결합 그룹들	145
67	스테모폴린(stemofoline)과 플루피라디푸론(flupyradifurone)	149
68	유충 호르몬의 예	151
69	디풀르벤주론(diflubenzuron)	152
70	살진균제(fungisides)의 예	155
71	옥신(auxin)의 예	158
72	기타 제조제(herbicides)	159
73	아세토락테이트 신타제 억제제(acetolactate synthase inhibitors)의 예	160
74	글리포세이트(glyphosate)	160
75	시각 처리과정에서 레티날(retinal)의 역할	165
76	공액(콘쥬게이트) 시스템을 갖는 분자들의 예	166
77	타트라진(tartrazine) (E102)	167

78	천연 염료	168
79	자장을 감지하도록 설계된 합성 분자	171
80	페로몬(pheromone)의 예	173
81	악취나는 티올(thiol) 화합물의 예	174
82	휘발성 방향 알데하이드 화합물의 서방 특성	176
83	합성 감미료의 예	179
84	단맛 삼각형(sweetness triangle)	180
85	중합	185
86	부가중합의 예. 부가고분자의 단량체를 강조하기 위해 굵은 선이 포함됨	186
87	중합에서 축합 반응의 예	186
88	부가 고분자 (R=H, 폴리에텐; R=CH₃, 폴리프로필렌; R=Cl, PVC)	188
89	테프론	189
90	에폭사이드 모노머의 부가 폴리머	190
91	디엔 모노머의 폴리머	191
92	코폴리머(공중합체)	192
93	나일론 6 합성	193
94	나일론 66 합성에 사용되는 모노머	194
95	케블라 합성에 사용되는 모노머	194
96	케블라 고분자 사슬 간의 분자간 상호작용(수소결합을 점선으로 표시함)	195
97	데이크론(Dacron)을 만드는 축합 중합반응	195
98	렉산(Lexan)을 만드는 축합 중합반응	196
99	폴리우레탄의 분자구조. 박스로 표시된 영역은 우레탄 결합을 표시함	196
100	수퍼글루와 관련된 가교 반응	197
101	비스구아이아콜-F (Bisguaiacol-F, BGF)	199
102	생분해성 폴리에스터	202
103	중합반응에 의한 CO₂ 포집	206
104	다이아몬드(a)와 그라파이트(b)의 구조	211
105	풀러렌에서 탄소원자의 배열	213
106	나노튜브에서 구조적 변형	215
107	매크로사이클을 통해 맞물린 덤벨-모양의 분자를 포함하는 로탁세인의 일반적인 구조	217
108	분자 셔틀로 작용하는 로탁세인의 예	218
109	전환가능한 촉매로서 작용하는 로탁세인	219
110	자축 위의 양성자화된 아민과 휠 사이의 수소결합 상호작용	220
111	분자 합성머신으로 기능하는 로탁세인	220
112	직선형 알카인 그룹을 포함한 로탁세인	221
113	휠 간의 상호작용을 갖도록 고안된 폴리로탁세인	222
114	근육 운동을 모방한 연결된 로탁세인	223
115	데이지-체인 로탁세인의 중합에 의한 분자 근육섬유 형성	223
116	DNA 오리가미	227
117	나노카(nanocar)	230

차례

서문 • 5
그림 목록 List of Figures • 6

제1장 서론 Introduction • 11

제2장 기초이론 Fundamentals • 17

제3장 유기화합물의 합성과 분석 The synthesis and analysis of organic compounds • 41

제4장 생명의 화학 The chemistry of life • 73

제5장 제약 및 의약 화학 Pharmaceuticals and medicinal chemistry • 101

제6장 농약 Pesticides • 131

제7장 감각의 화학 The chemistry of senses • 163

제8장 폴리머, 플라스틱 및 섬유 Polymer, plastics, and textiles • 183

제9장 나노화학 Nanochemistry • 209

참고문헌 • 233
색인(Index) • 234
옮긴이의 말 • 248

제1장

서론

Introduction

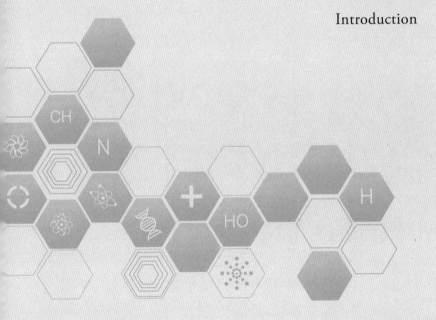

유기화학은 탄소를 기반으로 하는 화합물의 구조, 성질, 합성 등을 연구하는 화학의 한 분야이다. 이와 대조적으로, 무기화학은 주기율표에서 다른 모든 원소의 화학을 다루고 있다(그림 1).

Group 1	2	3	4	5	6	7	8	9	10	11	12	13	14	15	16	17	18
s-block												p-block					2 He 4.0026
1 H 1.008																	
3 Li 6.94	4 Be 9.0122											5 B 10.81	6 C 12.011	7 N 14.007	8 O 15.999	9 F 18.998	10 Ne 20.180
11 Na 22.990	12 Mg 24.305	d-block										13 Al 26.982	14 Si 28.085	15 P 30.974	16 S 32.065	17 Cl 35.45	18 Ar 39.948
19 K 39.098	20 Ca 40.078	21 Sc 44.956	22 Ti 47.867	23 V 50.942	24 Cr 51.996	25 Mn 54.938	26 Fe 55.845	27 Co 58.933	28 Ni 58.693	29 Cu 63.546	30 Zn 65.38	31 Ga 69.723	32 Ge 72.63	33 As 74.922	34 Se 78.971	35 Br 79.904	36 Kr 83.798
37 Rb 85.468	38 Sr 87.62	39 Y 88.906	40 Zr 91.224	41 Nb 92.906	42 Mo 95.95	43 Tc (98)	44 Ru 101.07	45 Rh 102.91	46 Pd 106.42	47 Ag 107.87	48 Cd 112.41	49 In 114.82	50 Sn 118.71	51 Sb 121.76	52 Te 127.60	53 I 126.90	54 Xe 131.29
55 Cs 132.91	56 Ba 137.33	57 La 138.91	72 Hf 178.49	73 Ta 180.95	74 W 183.84	75 Re 186.21	76 Os 190.23	77 Ir 192.22	78 Pt 195.08	79 Au 196.97	80 Hg 200.59	81 Tl 204.38	82 Pb 207.2	83 Bi 208.98	84 Po (209)	85 At (210)	86 Rn (222)
87 Fr (223)	88 Ra (226)	89 Ac (227)	104 Rf (263)	105 Db (268)	106 Sg (271)	107 Bh (267)	108 Hs (280)	109 Mt (278)	110 Ds (281)	111 Rg (281)	112 Cn (285)	113 Nh Unknown	114 Fl (289)	115 Mc Unknown	116 Lv (293)	117 Ts Unknown	118 Og Unknown

f-block

Lanthanides 6	58 Ce 140.12	59 Pr 140.91	60 Nd 144.24	61 Pm (145)	62 Sm 150.36	63 Eu 151.96	64 Gd 157.25	65 Tb 158.93	66 Dy 162.50	67 Ho 164.93	68 Er 167.26	69 Tm 168.93	70 Yb 173.05	71 Lu 174.97
Actinides 7	90 Th 232.04	91 Pa 231.04	92 U 238.03	93 Np (237)	94 Pu (244)	95 Am (243)	96 Cm (247)	97 Bk (247)	98 Cf (251)	99 Es (252)	100 Fm (257)	101 Md (258)	102 No (259)	103 Lr (262)

〈그림 1〉 주기율표.

　이것은 왜 화학의 3대 분야 중 하나가 순수하게 탄소계 화합물과 관련이 있는지에 대한 의문을 제기하는데 그 하나의 답은 탄소계 화합물이 생명체의 화학에 매우 중요하다는 사실에 있다. 실제로 '유기화학'이라는 용어는 18세기 스웨덴 화학자 토르베른 베르그만(Torbern Bergman)

에 의해 생물에서 유래한 화합물의 화학을 정의하기 위해 처음 도입되었다. 당시 과학자들은 생명체의 화학물질, 즉 생화학물질이 생명체만이 제공할 수 있는 특별한 성질을 포함하고 있기 때문에 실험실에서 생산되는 것과는 다르다고 믿었다.

솔직하게 말하면, 이 믿음에는 어느 정도 이유가 있다. 당시 확인되었던 생화학물질은 생물계로부터 분리하기가 어려웠고, 광물에서 분리된 무기화합물보다 더 빨리 분해되었다. 따라서 유기화합물에는 오직 유기체로부터 유래되는 어떤 '생명력'(vital force)이 포함되어 있다고 결론을 내리게 되었다. 따라서 생화학물질이 실험실에서 합성될 수 없다는 결론을 내리는 것은 논리적이었다. 그렇지만 이 '생명력' 이론은 머지않아 도전을 받았다. 우레아(urea)는 소변에서 분리할 수 있는 결정성의 화합물이다(그림 2). 생명력이론에 의하면 우레아는 생명체에 고유해야 하지만, 1828년에, 시안산암모늄(ammonium cyanate)이라는 무기염을 가열함으로써 합성할 수 있다는 사실이 밝혀졌다.

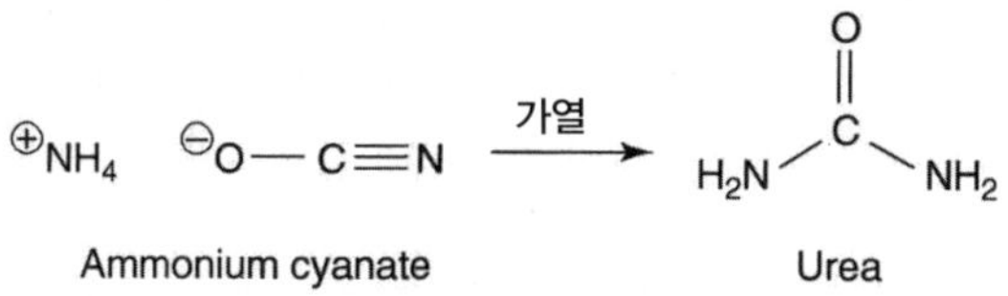

〈그림 2〉 우레아 합성.

그 후 생물계에서 유래된 것이든 아니든, 유기화학은 탄소계 화합물의 화학으로 정의되기에 이르렀다. 그럼에도 불구하고 탄소계 화합물의 화학은 생명 화학과 매우 밀접한 관계가 있으며, '탄소-기반 생명체'라는 문구는 이 사실을 반영한다. 우리는 4장에서 유기화학이 생명 시스템에 미치는 중요성을, 현재 생화학으로 정의되는 과학의 한 분야를 통해, 탐구할 것이다.

유기화학을 하나의 전문분야로 생각하는 또 다른 이유가 있다. 그것은 합성될 수 있는 다양한 유기 화합물의 수가 다른 어떤 원소에서 가능한 것보다 훨씬 많기 때문이다. 실제로 합성될 수 있는 다양한 중간 크기의 유기 분자의 수는 10^{63}개에 이른다고 계산되었다. 이는 우주에 그 목표를 달성하기 위한 탄소가 충분치 않을 정도로 방대한 숫자이다. 또한 이 수치는 탄소 원자를 30개 미만으로 포함하고 있는 중간 크기의 분자를 기준으로 한 것이며, 가능한 모든 고분자(polymers)를 제외한 것이다. 실제로 합성될 수 있는 새로운 화합물은 사실상 무한히 많으며, 그 중 대다수는 이 행성에 존재한 적이 없다.

지금까지 전 세계 유기화학 실험실에서 1,600만 개의 화합물이 합성되었고, 매일 새로운 화합물이 합성되고 있다. 이것은 여전히 합성할 수 있는 구조의 수에 있어서 미미한 차이를 만들 뿐이다. 여기에 의약품, 농업, 소비재, 또는 재료 과학 등 어디든 새로운 목적을 위한 새로운 분자를 찾는 유기화학자들을 자극하고 동기를 부여하는 수많은 혁신의 여지가 있다.

유기화학자들은 지난 100여 년 동안 분자 수준에서 생명체를 이해하는 데 엄청난 기여를 했고, 현대 사회를 혁신한 새로운 화합물을 만들어 냈다. 이 연구의 결실은 우리가 입는 옷, 우리가 사는 집, 그리고 우리가 먹는 음식에서 찾을 수 있다. 유기화학에 의존하는 상품 목록에는 플라스틱, 합성 직물, 향수, 착색제, 감미료, 합성 고무 등 우리가 매일 사용하는 많은 다른 품목들을 포함한다. 그것은 농부들이 계속 증가하는 세계 인류를 위한 충분한 식량을 생산할 수 있도록 살충제, 제초제 및 살균제를 만들었고, 또한 질병을 고쳐 수명을 연장케 하는 의약품을 만들었다.

이로 인해 엄청난 혜택을 받았지만, 파생된 단점을 이해하는 것 또한 중요하다. 무엇을 새로 발견하고 이를 사용함에 있어 적절한 주의와 책임감이 수반되지 않으면 건강과 환경에 영향을 미치는 문제를 일으킬 수 있다. 불행하게도, 이러한 문제들은 전반적인 새로운 기술, 특히 화학 물질에 대한 불신, 즉 케모포비아(chemophobia)로 정의되는 태도로 이어질 수 있다. 어떤 사람들은 화학산업이 합성한 독성 물질 또는 오염 물질을 바로 '화학물질' 즉 '케미컬(chemical)'이라는 말로 간주하기도 한다. 사실은 '케미컬'이라는 말은 천연화합물과 합성화합물을 모두 포괄하는 총칭이다. 또한 합성화합물은 본질적으로 위험하고, 천연 화학 물질은 훨씬 안전하다는 잘못된 믿음도 있다. 이는 사실과 너무나 동떨어져 있다. 과학계에 알려진 가장 치명적인 독소 중 일부는 자연계에서 나온 것이며, 한편 많은 합성 화합물은 극히 안전하다. 또한 실험실에서 합성된 천연 화합물이 자연에서 추출한 동일한 화합물과 다르지 않다는 사실도 충분히 인식되지 않고 있다.

사회의 이익을 위해 도입된 많은 새로운 화합물들이 장기적인 문제를 일으킨 것은 사실이지만, 그렇다고 해서 사회가 의존하는 모든 의약품, 농약, 식품 첨가제, 그리고 고분자에 등을 돌려야 한다는 것을 의미하지는 않는다. 대신에, 문제는 개선된 특성을 가진 더 나은 화합물을 설계하는 것이다. 과거의 실수로부터 배우고 우리 모두에게 이익이 될 발견을 위해 계속 노력하는 것이 유기화학자의 책임이다.

이 책은 과거의 혁신에서 비롯된 문제들뿐만 아니라 유기화학 연구에서 비롯된 많은 엄청난 이득을 설명해준다. 또한 오늘날의 연구자들이 어떻게 새로운 세대의 더 안전하고 효과적인 화합물을 찾고 있는지 보여준다.

제2장

기초이론

Fundamentals

탄소: 원소계의 명사(Carbon: an elemental socialite)

　제1장에서, 가능한 탄소-기반 화합물의 수는 너무 방대하여 결코 달성될 수 없다고 기술한 바 있다. 이처럼 엄청난 수의 구조에 대해 화학공간(chemical space)이라는 다소 특이한 용어가 붙여졌다. 어떤 의미에서 우주를 탐험하는 것과 새로운 유기 화합물의 합성을 탐구하는 것 사이에는 유사점이 있다. 두 경우 모두가 끝이 없는 과제임을 표현하지만, 흥미로운 발견으로 가득 찬 과제이다. 이 절에서는, 다른 어떤 원소도 아닌 탄소라는 원소가 왜 이렇게 많은 다른 화합물을 생성하는 데 적합한지에 대해 알아본다.

　탄소는 원자번호 6을 갖고 있는데, 이것은 탄소의 핵 안에 6개의 양

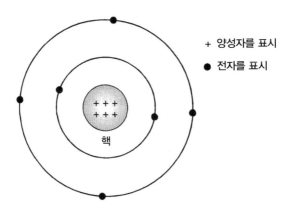

+ 양성자를 표시
● 전자를 표시

〈그림 3〉 탄소 원자.

성자가 들어 있다는 것을 의미한다. 중성인 탄소 원자의 경우, 핵 주위의 공간을 점유하는 6개의 전자가 있다(그림 3).

이 전자들은 원자핵 주위의 두 개의 서로 다른 껍질(shell) 또는 오비탈(orbits)을 차지하고 있다. 첫 번째 내부 껍질에는 수용할 수 있는 최대 전자 수인 두 개의 전자가, 두 번째 껍질(외각)에는 나머지 네 개의 전자가 들어간다. 외각에 있는 전자는 '원자가전자(valence electron)'로 정의되고, 이들이 원자의 화학적 성질을 결정한다. 원자가전자는 첫 번째 껍질에 있는 두 개 전자에 비해 쉽게 '접근'할 수 있다. 내부 껍질 전자는 핵에 더 가깝고, 두 번째 껍질의 전자에 의해 가려져 있다.

탄소가 주기율표에서 중간에 위치하는 것은 큰 의미가 있다. 주기율표의 왼쪽에 가까운 원소는 원자가전자를 잃어 양이온을 형성할 수 있다. 예를 들어, 리튬은 유일한 원자가전자를 잃어 리튬 양이온(Li^+)을 형성할 수 있고, 마그네슘은 2개의 원자가전자를 잃어 마그네슘 이온(Mg^{2+})을 형성할 수 있으며, 한편 알루미늄은 3개의 원자가전자를 잃어 알루미늄 이온(Al^{3+})을 형성할 수 있다. 표의 오른쪽에 있는 원소들은 전자를 얻어 음전하를 띤 이온을 형성할 수 있다. 예를 들어, 불소는 한 개 원자가전자를 얻어 불화 이온(F^-)을 만들 수 있고, 산소는 2개 전자를 얻어 옥사이드 이온(O^{2-})을 만들 수 있다. 원소들이 이온을 형성하는 원동력은 전자로 가득 채워진 외각을 가짐으로써 얻을 수 있는 안정성이다. 예를 들어, 불화 이온은 그 외각이 8개의 전자로 완벽하게 채워져 있다. 마찬가지로, 리튬은 하나의 원자가 전자를 잃을 때, 리튬 이온은 전자로 꽉 찬 내각을 갖게 된다.

주기율표의 왼쪽이나 오른쪽에 위치한 원소들은 이온 형성이 가능하지만, 표의 가운데에 있는 원소들은 이온 형성이 쉽지 않다. 탄소가 꽉 찬 전자의 외각을 얻으려면 4개의 원자가전자를 잃거나 또는 얻어야 하지만, 이를 위해서는 너무 큰 에너지가 필요하다. 따라서 탄소는 다른 방법으로 안정하고, 꽉 찬 전자의 외각을 얻는다. 탄소는 다른 원소들과 전자를 공유하여 결합을 형성한다. 탄소는 이 분야에 뛰어나고 화학계의 궁극적인 '원소계 명사'라 할 수 있다. 탄소 원자는 원자나 이온으로 혼자 사는 대신 다른 원자들과 결합을 형성하여 분자라는 원자 네트워크를 형성한다. 원자들은 공유 결합으로 서로 연결되고, 각 결합은 두 원자 사이에 공유된 두 개의 전자를 포함하고 있다.

가장 간단한 유기 분자 중 하나는 메탄(methane)인데, 여기서 탄소 원자는 4개의 수소 원자와 4개의 원자가전자를 공유한다. 마찬가지로 각 수소 원자는 탄소 원자와 1개의 원자가전자를 공유한다. 각 결합은 2개의 전자로 구성되어 있는데, 그 중 하나는 결합에 관련된 각 원자로부터 가져온 것이다. 원자가전자를 공유함으로써 분자내 각 원자는 꽉 찬 전자의 외각을 갖게 된다(그림 4). 이온과 달리, 분자는 전하를 띠지 않는다.

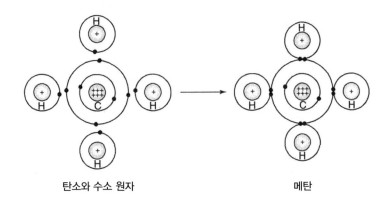

탄소와 수소 원자   메탄

〈그림 4〉 메탄.

또한 두 개의 탄소 원자 간에도 공유 결합이 형성될 수 있다. 예를 들어, 에탄(ethane)은 두 탄소 원자 사이에 공유 결합을 갖고 있을 뿐만 아니라, 탄소와 수소 원자 사이에 총 6개의 공유 결합을 갖고 있다(그림 5).

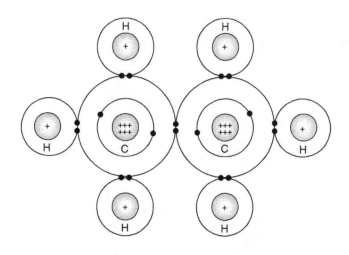

〈그림 5〉 에탄.

탄소가 다른 탄소 원자와 공유 결합을 형성하는 능력은 수많은 유기 분자가 가능하게 된 주된 이유 중 하나이다. 탄소 원자는 거의 무한정으로 서로 연결되어 상상할 수 없는 다양한 탄소 골격을 형성할 수 있다. 여기에는 선형(linear) 사슬, 분지(branched) 사슬, 고리(rings), 그리고 세 가지 모두의 조합이 포함된다. 그러나 이 다양함은 여기에서 멈추지 않는다. 탄소는 광범위한 다른 원소와 공유 결합을 형성할 수 있다. 탄소는 수소와 결합을 형성할 수 있지만, 질소, 인, 산소, 황, 불소, 염소, 브롬, 요오드와 같은 원자와도 결합을 형성할 수 있다. 결과석으로 유기 분자는 다양한 다른 원소를 포함할 수 있다. 게다가 탄소가 다양한 다른 원자와 이중 결합 또는 삼중 결합을 형성하는 것이 가능하기 때문에 더 많은 화합물을 만들 수 있다. 가장 흔한 이중 결합은 탄소와 산소, 탄소와 질소, 또는 두 탄소 원자 사이에서 발견된다. 한 예로 메탄알(methanal) 또는 포름알데하이드(formaldehyde)가 있다(그림 6a). 가장 흔한 삼중 결합은 탄소와 질소, 또는 두 탄소 원자 사이에서 발견된다. 한 예는 에타인(ethyne) 또는 아세틸렌(acetylene)이다(그림 6b).

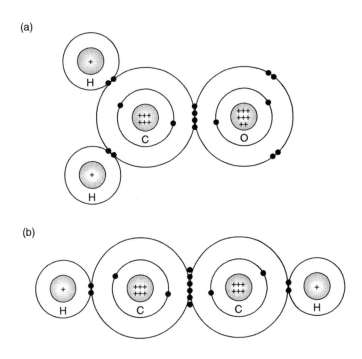

〈그림 6〉 메탄알(a)과 에타인(b).

화합물의 명명 및 구조 파악
(Naming compounds and identifying their structure)

각 유기 화합물에는 국제순수응용화학연합(IUPAC)에서 정한 명명법을 사용하여 그 구조를 정확하게 정의하는 특정한 이름이 주어진다. 구조가 복잡할수록 그 이름은 더 복잡해질 것이다. 예를 들어, 잘 알려진 스테로이드 호르몬의 IUPAC 명칭은 (8R,9S,13S,14S,17S)−13−methyl−6,7,8,9,11,12,14,15,16,17−decahydrocyclopenta[a]phenan-threne−3,17−diol이다. 이것은 입에 담기에 꽤 복잡한 이름이라서 잘 알려진 화합물들은 종종 더 사용자−친화적인 이름으로 식별된다. 예를 들어, 위의 긴 IUPAC 이름을 가진 스테로이드 호르몬은 더 일반적으로 에스트라디올(estradiol)로 알려져 있다. 많은 생물학적으로 중요한 화합물들은 대개 일반명(common name)으로 부르는데, 예를 들면, 모르핀, 헤모글로빈, 그리고 아드레날린 등이 있다.

유기화학자들은 특히 분자구조에 관심이 많다. 건축가가 건물의 구조에 관심을 가지고 그 건물을 시각화하는 플랜을 사용하는 것처럼, 화학자는 분자 구조와 존재하는 원자들이 어떻게 연결되어 있는지에 관심이 있다. 따라서 분자의 구조적 표현은 그 이름보다 화학자에게 더 큰 의미가 있는 경우가 많다. 우리는 〈그림 3−6〉에서 이미 구조를 그리는 방법을 보았지만, 이와 같은 도식은 그리는 데 오랜 시간이 걸린다. 더 간단한 방법은 각 결합을 나타내는 선과 각 원자를 나타내는 원소 기호를 사용하는 것이다. 예를 들어, 메탄, 에탄, 그리고 에스트라디올의 구조 표현이 〈그림 7〉에 나와 있다.

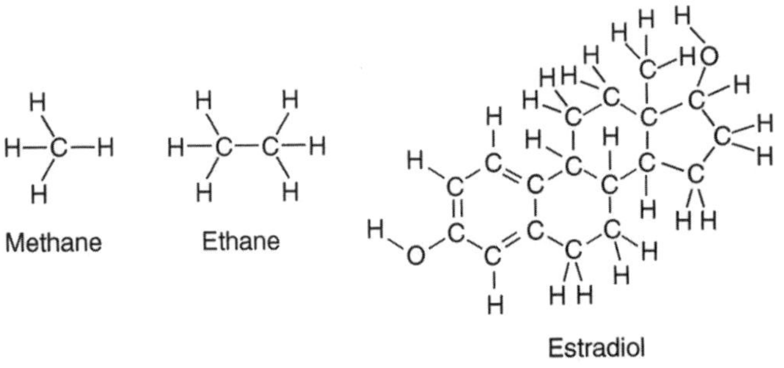

〈그림 7〉 메탄, 에탄, 및 에스트라디올의 구조.

이 단순화된 도식들은 존재하는 모든 원자와 그것들이 연결되는 방식을 보여준다. 그러나 에스트라디올과 같은 복잡한 분자를 나타내려고 할 때 이 접근법은 여전히 다루기 어렵다. 훨씬 더 간단한 '속기'법은 탄소 원자 라벨을 생략하고, 수소 원자와 그것들의 결합을 생략하는 것이다. 이 방법은, 하나의 점으로 구조가 표시되는, 메탄에는 사용할 수 없지만, 에탄과 에스트라디올에는 사용할 수 있다(그림 8). 이와 같은 구조에서 탄소 원자는 각 선의 끝뿐만 아니라 각 모서리에 존재하는 것으로 이해된다. 이 규칙의 예외는 에스트라디올에 존재하는 두 개의 하이드록시기(OH)에서와 같이, 원소 기호가 표시되는 경우이다. 각 탄소 원자가 4개의 결합을 가지고 있어야 한다는 것을 이해하면 각 탄소 원자에 붙은 수소 원자의 개수를 알 수 있다. 만약 4개보다 작으면, 빠진 결합은 수소 원자와의 결합으로 가정한다. 이는 〈그림 7〉과 〈그림 8〉의 에탄과 에스트라디올의 구조를 비교함으로써 설명될 수 있다.

이런 방식으로 분자를 나타내면 여러 가지 장점이 있다. 첫째, 그리기가 훨씬 빠르다. 둘째, 분자골격을 확인하는 것이 더 쉽다. 비유하자면, 나무의 뼈대는 여름에는 잎 때문에 골라내기 어렵지만, 잎이 떨어진 겨울에는 쉽게 알아볼 수 있다. 분자에 관한 한 수소 원자들은 잎에 해당한다. 이런 방식으로 분자를 그리는 세 번째 장점은 작용기(functional groups)를 쉽게 확인할 수 있다는 것이다(이 장의 후반에 설명).

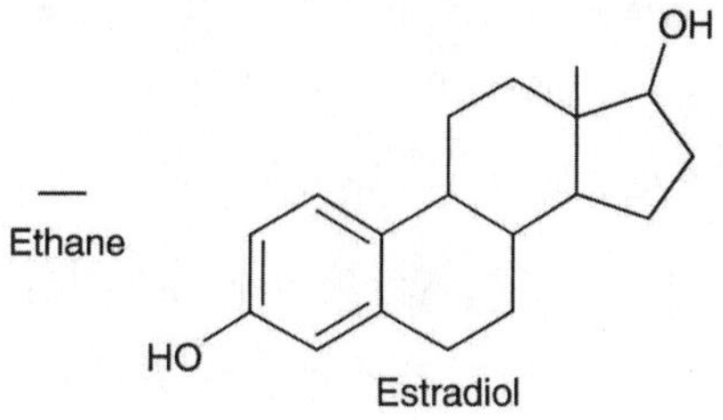

〈그림 8〉 에탄과 에스트라디올의 약식 화학구조식.

입체화학(Stereochemistry)

분자는 특별한 모양을 가진 3차원 물체이다. 분자 내 탄소 원자는 사면체(tetrahedral), 삼각형(trigonal), 또는 대각선(diagonal) 형태로 묘사될 수 있지만, 이러한 모양을 갖는 것은 탄소 원자 자체가 아니기 때문에 약간의 오해 소지가 있을 수 있다. 대신에 이 모양들은 탄소 원자 주변 결합들의 배치를 나타낸다. 따라서 메탄은 중심 탄소 원자를 갖고 있고, 4개의 결합은 사면체의 모서리를 가리키고 있다(그림 9). 메탄을 그릴 때, 단순한 실선들은 지면 위에 있는 결합의 방향을 나타낸다. 굵은 쐐기 모양의 선은 지면에서 뷰어를 향해 나와 있는 결합을 나타낸다. 빗금 친 쐐기 모양의 결합은 뷰어로부터 지면 뒤로 향하는 결합을 나타낸다. 일반적으로 4개의 단일 결합을 가진 탄소 원자는 정사면체 탄소로 표현되고, 결합각은 약 109°이다.

탄소 원자가 이중 결합의 일부인 경우 삼각형으로 설명되며, 이를 둘

정사면체   메탄의 정사면체 모양   메탄

〈그림 9〉 메탄의 정사면체 모양.

러싼 결합은 동일한 평면상에 있다. 예를 들어, 에텐(ethene)의 두 탄소 원자는 모두 삼각형 평면(trigonal planar)이므로 전체적인 분자 모양을 평면으로 만든다(그림 10). 결합각은 120°로서 정사면체 탄소의 결합각 보다 크다. 삼중 결합에 관여하는 탄소 원자는 대각선(diagonal)으로 표현된다. 여기서 결합각은 180°이므로, 에타인은 선형(linear)이다.

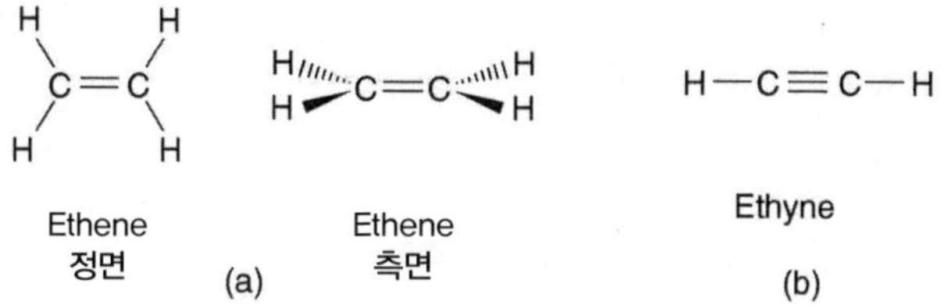

Ethene
정면　(a)

Ethene
측면

Ethyne
(b)

〈그림 10〉 에텐과 에타인의 분자 형태.

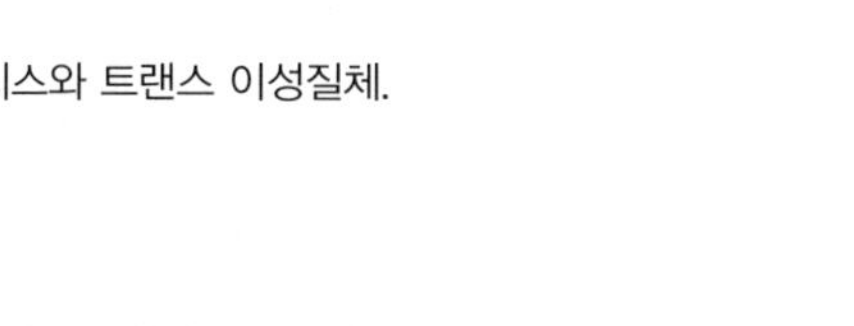

trans-2-Butene

cis-2-Butene

〈그림 11〉 2-부텐의 시스와 트랜스 이성질체.

에텐의 이중 결합은 강직해서 회전할 수 없다. 이중 결합의 양 끝에 치환기가 있다면 이것은 입체화학적으로 중요한 결과를 가져온다. 예를 들어, 2-부텐에 내해 두 가지 다른 구조가 가능하다(그림 11). 이들을 시스(cis)와 트랜스(trans) 이성질체라고 한다. 시스 이성질체에서는 메틸 치환기가 이중 결합의 같은 쪽에 위치하는 반면, 트랜스 이성질체에서는 반대쪽에 있다. 두 이성질체는 강직한 이중 결합 때문에 상호 변환될 수 없으며, 서로 다른 화학적 물리적 성질을 갖는 다른 화합물이다.

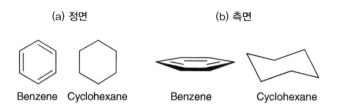

(a) 정면   **(b) 측면**

Benzene   Cyclohexane   Benzene   Cyclohexane

〈그림 12〉 벤젠과 사이클로헥산의 정면 뷰(a)와 측면 뷰(b).

탄소 원자들이 서로 연결되어 고리가 형성된 유기 분자를 얻는 것도 가능하다. 이들 역시 독특한 모양을 가질 수 있다. 예를 들어, 벤젠 (benzene)과 사이클로헥산(cyclohexane)은 모두 육각형 고리이다(그림 12). 사이클로헥산의 탄소 골격은 6개의 단일결합으로 구성되어 있고, 벤젠의 탄소 골격은 단일결합과 이중결합이 번갈아 가며 구성되어 있는 것처럼 보인다. 〈그림 12a〉에서, 두 고리의 모양은 같아 보이지만, '측면'(side on)'으로 보면, 〈그림 12b〉와 같이, 벤젠 고리는 평면으로 보이고 사이클로헥산 고리는 소위 의자 모양으로 찌그러져 있다. 이것은 탄소 원자들이 서로 다른 결합각을 가지고 있기 때문이다. 사이클로헥산의 탄소 원자는 메탄과 에탄에서와 같이 109°의 결합각을 가지고 있다. 벤젠에서 결합각은 에텐에서와 같이 120°이다. 이들 두 분자의 모양에서 차이는 수소 원자를 나타내면 더욱 강조된다(그림 13). 벤젠에서는 수소 원자가 고리와 같은 평면에 있는 반면, 사이클로헥산에서는 다른

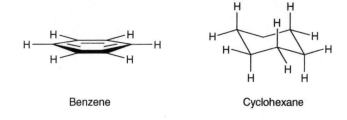

Benzene   Cyclohexane

〈그림 13〉 수소원자를 포함한 벤젠과 사이클로헥산의 측면 뷰.

방향을 가리키고 있다. 이는 사이클로헥산이 훨씬 더 부피가 큰 분자라는 것을 시사한다.

사이클로헥산의 탄소-탄소 결합 길이는 똑같으며, 이는 모든 결합이 탄소-탄소 단일결합이기 때문에 예상되는 것이다. 이상하게도 벤젠의 탄소-탄소 결합 길이도 똑같다. 이중결합이 단일결합보다 짧은 것으로 알려져 있기 때문에, 이 고리가 교대하는 단일결합과 이중결합으로 이루어져 있다면 이는 기대할 수 없을 것이다. 이는 벤젠에 눈에 보이는 것보다 더 많은 것이 있다는 증거이다. 실제로 이들 이중결합에 관여하는 전자 6개는 ―비편재화(delocalization)라고 알려진 과정으로― 고리 전체에 걸쳐서 공유된다. 이것은 3개 별개의 이중결합을 함유하는 분자보다도 벤젠 고리에 더 큰 안정성을 제공한다. 벤젠에서 전자의 비편재화는, 6개의 전자가 고리 주위에서 이동성을 가지고 있음을 보여주기 위해, 때때로 벤젠 고리 중간에 원을 표시하여 나타낸다(그림 14).

벤젠 고리의 안정성은 이것이 많은 천연물에서 발견된다는 것을 의미하고, 이것의 존재는 해당 분자의 평면적인 영역을 나타낸다. 예를 들어, 〈그림 15〉는 에스트라디올 호르몬의 입체적인 구조를 두 가지 다른 시각에서 보여준다. 벤젠 고리를 포함하는 분자의 영역은 평면적이

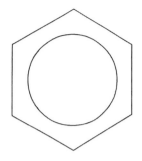

〈그림 14〉 전자의 비편제화를 나타내는 벤젠의 묘사.

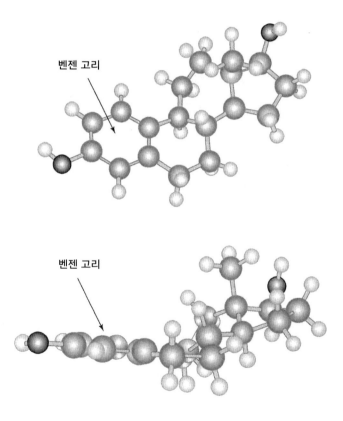

벤젠 고리

벤젠 고리

〈그림 15〉 두 개 다른 시각으로 본 에스트라디올의 모양.

고, 분자의 나머지 부분은 훨씬 더 부피가 크다. 평면적인 영역은 에스트라디올의 생물학적 활성에 중요한 역할을 한다. 에스트라디올이 호르몬 활성을 갖기 위해서는 체내의 단백질과 결합해야 한다. 이것은 오직 벤젠 고리가 단백질의 좁은 슬롯에 딱 들어맞기 때문에 가능한데, 부피가 더 큰 고리로는 불가능한 일이 될 것이다.

쐐기-모양의 결합은 종종 분자에 3D 모양의 느낌을 주기 위해 사용된다(그림 9, 10, 12, 13). 이들은 또한 다소 모호할 수 있는 결합의 상대적인 방향을 정의하는 데 중요하다. 예를 들어, 에스트라디올의 구조는 종종 〈그림 16〉과 같이 표시된다. 쐐기 모양의 결합은 카이랄 중심으로 알려진 주요 위치에서 그 형태 또는 입체 화학(stereochemistry)을 정의한다.

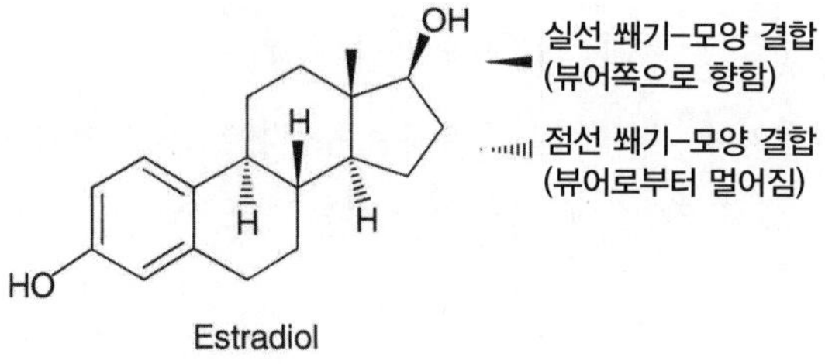

〈그림 16〉 쐐기-모양 결합을 포함하는 에스트라디올의 구조.

카이랄(chiral) 탄소 중심은 4개의 다른 치환기를 4개의 단일 결합으로 갖고 있는 사면체(tetrahedral) 탄소 원자이다. 예를 들어, 아미노산 알라닌은 〈그림 17〉에서 별*로 표시된 카이랄 중심을 갖고 있다.

카이랄 중심을 가진 분자는 모두 카이랄 또는 비대칭(asymmetric)으로 정의된다. 즉, 대칭성이 결여되어 있다. 이러한 분자는 두개의 가능한

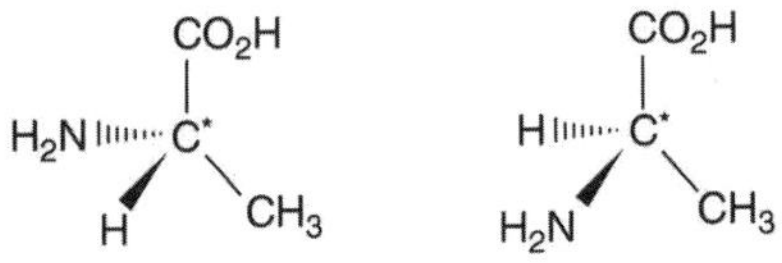

〈그림 17〉 알라닌의 두개 거울이성질체.

구조가 존재하는데, 각각은 서로의 중첩되지 않는(non-superimposable) 거울상(mirror image)이다. 비대칭 분자는 하나의 거울상이거나 다른 하나이지, 둘 다가 될 수 없다. 또한 하나의 거울상 구조에서 다른 하나의 거울상 구조로 바뀔 수도 없다. 이러한 거울상 구조를 거울상이성질체 (enantiomer)라고 부르는데, 쐐기-모양의 결합은 하나를 다른 것과 구별하는 데 필수적이다. 화학적인 측면에서 두 거울상이성질체는 일반적인 시약과의 반응에서 동일하게 행동한다. 또한 그들은 동일한 물리적 성질을 갖는다.

언뜻 보기에, 이는 카이랄성(chirality)이 별다른 결과를 주지 않는다는 것을 암시할 수 있다. 사실 카이랄성은 매우 중요하다. 카이랄 분자의 두 거울상이성질체는 다른 카이랄 분자와 상호작용할 때 다르게 행동하는데, 이것은 생명 화학에서 중요한 결과를 가져온다. 비유하자면 여러분의 왼손과 오른손을 생각해 보면 되는데, 이것들은 모양이 비대칭이고 중첩되지 않는 거울상이다. 마찬가지로 장갑 한 쌍도 중첩되지 않는 거울상이다. 왼손은 왼손 장갑에는 딱 맞지만 오른손 장갑에는 맞지 않는다. 분자 세계에서도 비슷한 일이 일어난다. 우리 몸의 단백질은 다른 분자의 거울상이성질체를 구별할 수 있는 카이랄 분자이다. 예를 들어,

효소는 카이랄 화합물의 두 거울상이성질체를 구별할 수 있고, 하나의 거울상이성질체의 반응에 촉매작용 할 수 없지만, 다른 하나와는 할 수 없다.

작용기(Functional groups)

유기화학에서 하나의 핵심적인 개념은 작용기(functional groups)이다. 작용기란 기본적으로 원자(atoms)와 결합(bonds)의 독특한 배열이다. 수백 가지 다른 종류의 작용기가 있는데, 이들 가운데 보다 일반적인 주요 작용기들을 〈그림 18〉에 나타냈다.

작용기는 특정한 방식으로 반응하기 때문에, 존재하는 작용기에 따라 분자가 어떻게 반응할지 예측할 수 있다. 예를 들어, 카르복실산과 페놀은 둘 다 산성의 수소를 가지고 있고, 염기 존재 하에서 수소가 소실되어 음전하를 띤 이온을 생성할 수 있다(그림 19a와 c). 한편 아민 작용기는 본질적으로 염기성이고 양성자화되어 양전하를 띤 이온을 만들 수 있다(그림 19b).

이러한 성질은 추출(extraction)로 알려진 공정에서 카르복실산, 페놀, 또는 아민을 포함하는 화합물을 다른 종류의 유기 화합물로부터 분리하는 것을 가능케 하기 때문에, 실용적인 유기 화학에서 매우 유용하다(그림 35 참조). 카르복실산 또는 페놀을 포함하는 화합물은 염기 수용액에 용해되는 반면, 아민을 포함하는 화합물은 산 수용액에 용해될 것이다. 이들 작용기를 어느 하나라도 포함하지 않는 유기 화합물은 일반적으로 물에 녹지 않는다.

이들 성질을 이용하여, 합성 혼합물 또는 식물 추출물로부터 카르복실산, 페놀, 및 아민을 포함하는 화합물을 추출해 내는 것이 가능하다.

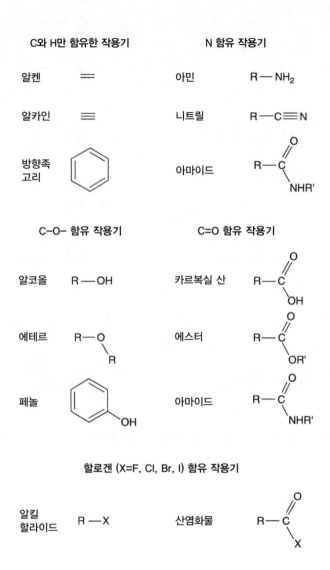

〈그림 18〉 일반적인 작용기의 예(R은 분자의 나머지를 나타냄).

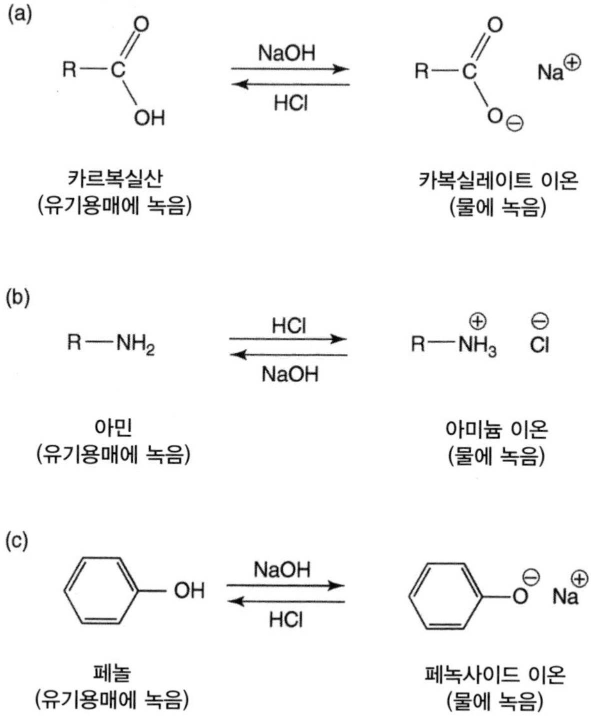
(a)
NaOH
HCl
Na⊕
카르복실산
(유기용매에 녹음)
카복실레이트 이온
(물에 녹음)
(b)
HCl
NaOH
아민
(유기용매에 녹음)
아미늄 이온
(물에 녹음)
(c)
NaOH
HCl
Na
페놀
(유기용매에 녹음)
페녹사이드 이온
(물에 녹음)

〈그림 19〉 카르복실산(a), 아민(b), 그리고 페놀(c)의 이온화.

분자간 및 분자내 상호작용
(Intermolecular and intramolecular interactions)

분자내의 원자들을 연결하는 공유결합은 강하고 쉽게 끊어지지 않는다. 그러나 분자 사이에는 더 약한 형태의 결합들이 존재할 수 있다. 이것들은 분자간 결합(intermolecular bonds)으로 정의된다. 주된 분자간 결합에는 수소결합, 런던 분산력(또는 반데르발스 상호작용으로 알려져 있음), 그리고 이온 상호작용이 있다. 이들 상호작용은 생명 화학과 천연 및 합성 화합물의 물성에 있어 중요한 역할을 한다. 예를 들어, 물의 분자 질량이 작다는 것은 상온에서 기체여야 한다는 것을 암시한다. 그런데 물이 액체라는 사실은 개개의 물 분자들 간에 존재하는 수소결합(hydrogen bonds)에 기인한다. 이것은 분자 사이에 약한 '접착제' 역할을 하고, 분자 사이의 수소결합을 깨뜨리는 데 더 많은 에너지가 필요하므로 예상보다 더 높은 끓는점을 갖게 된다(그림 20). 마찬가지로, 카르복실산도 수소결합 때문에 예상보다 더 높은 끓는점을 가진다.

수소결합이란 무엇이며 어떻게 일어나는가? 수소결합은 분자 내에 부분적으로 대전된 원자의 존재에 의존한다. 예를 들어, 물 분자의 산소 원자는 〈그림 20〉의 부호 δ-로 표시된 바 부분적인 음전하를 갖고 있고, 수소 원자는 부분적인 양전하(δ+)를 갖고 있다.

이 부분전하는 물 분자를 구성하는 산소와 수소 원자의 전기음성도 (electronegativity)가 다르기 때문에 발생한다. 산소는 주기율표의 오른쪽에 있으므로 수소보다 전기음성도가 높다. 따라서 산소는 각각의 O-H 결합 내에서 전자를 더 강하게 끌게 된다. 그에 따라 결합에서 전자가

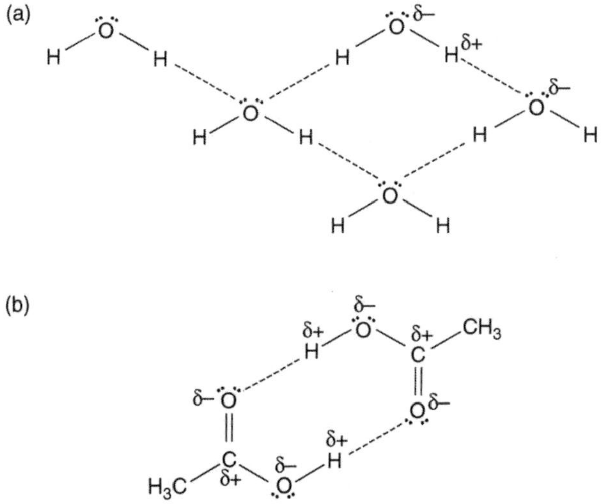

〈그림 20〉 물 분자(a)와 카르복실산(b)의 분자간 수소결합.

산소에 더 가까이 치우쳐 있기 때문에, 산소는 약간 음성이 되고 수소
는 약간 양성을 띠게 된다. 따라서 물을 구성하는 O−H 결합은 공유결
합보다는 극성 공유결합의 성격을 갖는다.

이 부분 전하들 때문에 여러 다른 물 분자들이 서로 상호작용할 수 있
는데, 즉, 한 분자의 부분 전하를 띤 산소 원자와 다른 분자의 부분 전
하를 띤 수소 원자가 상호작용한다. 〈그림 20〉의 점선들이 이것을 나
타낸다. 이 상호작용은 부분적인 음전하와 부분적인 양전하 사이에서
일어나므로 이 상호작용은 약한 형태의 이온 상호작용으로 볼 수 있다.
그러나 부분적인 양전하를 띤 수소 원자가 관여하기 때문에 이 상호작
용은 수소결합(hydrogen bonding)으로 알려져 있다. 이때 수소결합에 관
여하는 수소원자는 수소결합주개(hydrogen bond donor, HBD)가 되고, 반

면 부분적으로 전기적 음성인 산소원자는 수소결합받개(hydrogen bond acceptor, HBA)가 된다.

한 분자가 부분적으로 음전하를 띤 전기음성 원자(HBA)를 포함하고, 다른 분자가 부분적으로 양전하를 띤 수소원자(HBD)를 포함하면 언제든 분자간 수소결합은 발생할 수 있다. 전형적으로, HBA는 산소 또는 질소이고, HBD는 산소 또는 질소에 결합된 수소 원자이다. 수소결합은 효소가 기질을 인식하는 능력이나(제4장), 특정 약물 또는 살충제가 단백질 표적에 결합하는 능력과 같은(제5장, 제6장) 분자 인식 과정에서 중요한 역할을 담당한다.

한 분자는 양전하를 띤 작용기를, 다른 분자는 음전하를 띤 작용기를 갖고 있으면 분자간 이온 상호작용이 가능하다. 예를 들어, 한 분자가 아미늄(aminium) 그룹을, 다른 분자가 카복실레이트(carboxylate) 그룹을 가지면 이런 일이 일어날 수 있다(그림 21). 이온 상호작용은 수소결합보다 훨씬 강하다.

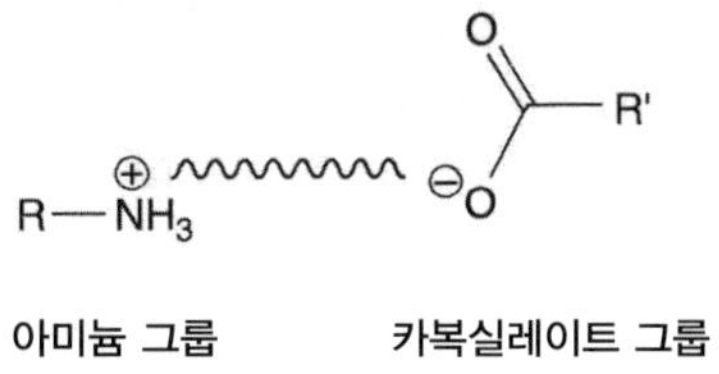

아미늄 그룹   카복실레이트 그룹

〈그림 21〉 서로 다른 분자상의 두 개 반대 전하간 이온 상호작용.

런던 분산력(또는 반데르발스 상호작용)은 일반적으로 각기 다른 분자의 탄화수소 영역, 즉 탄소와 수소 원자만을 포함하는 영역 간에 발생한다. 이 상호작용은 수소결합이나 이온결합보다 훨씬 약하지만, 과소평가해서는 안 된다. 분자 사이에는 종종 수소결합이나 이온 상호작용보다 반데르발스 상호작용이 더 많이 발생한다. 따라서 이들 상호작용의 누적 효과는 매우 중요할 수 있다. 이 상호작용은 원자와 분자 주변 전자의 무작위한 움직임 때문에 가능하다. 이것은 순간적으로 전자가 풍부하거나 또는 전자가 부족한 영역을 초래할 수 있다. 어떤 특정한 영역에 있어서 그 효과는 짧고 일시적이다. 그럼에도 불구하고, 이러한 일시적으로 가변적인 전자 밀도를 갖는 영역은 분자 사이에 상호 인력을 초래할 수 있으며, 여기서 한 분자의 일시적으로 전자가 풍부한 영역은 다른 분자의 일시적으로 전자가 부족한 영역과 상호작용한다.

동일 분자내 서로 다른 영역 사이에서 수소결합, 이온 상호작용, 분산력 등이 일어날 수도 있다. 이런 일이 일어나면 상호작용은 분자간 상호작용이 아니라 분자내 상호작용(intramolecular interaction)으로 정의된다. 이러한 상호작용은 단백질과 핵산과 같은 큰 분자(거대분자macro-molecules)가 특정한 모양으로 접히는 과정에서 중요한 역할을 한다.

제3장

유기화합물의
합성과 분석

The synthesis and analysis of organic compounds

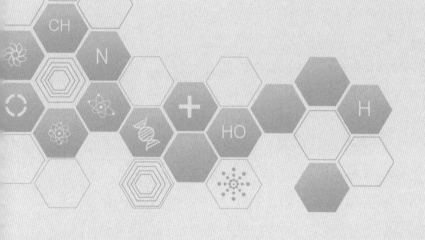

새로운 의약품, 살충제, 향수, 향료, 또는 고분자 물질의 설계는 유기 화학자에게 매우 중요하게 의존한다. 그것은 유기 화학자가 분자 세계를 탐구하는 전문가이며, 유기 분자의 구조, 특성 및 반응을 이해하도록 훈련되기 때문이다. 더욱이, 유기 화학자는 새로운 구조를 합성하는 실용적인 기술을 보유하고 있으므로, 유기합성 실험실에서의 연구는 도전적이고 고무적이다. 합성 연구는 결코 일상적이지 않으며 매일매일이 발견의 항해가 될 수 있다. 유기 합성은 결코 완전히 예측할 수 없으며, 반응은 계획된 것과 다른 제품을 만들어낼 수도 있다. 때로는 좌절감을 줄 수도 있지만, 제품이 유용한 특성을 가지고 있음이 입증된다면 연구에 새로운 기회를 제공할 수도 있다.

　유기 연구는 창의적이면서도 실용적이다. 유용한 성질을 가질 것으로 예상되는 새로운 분자를 설계하려면 창의력이 필요하다. 마치 화학 체스와 같이, 특정 화합물로 가는 합성 경로를 설계할 때도 필요하다. 이 두 가지 목표를 달성하려면, 연구자가 유기화학에 대한 이론적 지식이 깊어야 하고, 또한 그 지식을 새로운 문제에 상상력 있게 적용할 수 있어야 한다. 한편, 연구 화학자가 실험실에서 합성 과정을 수행하려면 정교하게 조율된 실용적인 기술 또한 필요하다. 훌륭한 연구자는 정원사의 '그린 핑거(green finger)'에 상응하는 화학적 능력을 가지고 있다. 어떤 유기 화학자는 마법의 손길을 가진 것처럼 보이며, 다른 사람보다 더 성공적으로 반응을 수행할 수 있다. 또한 유기 화학자는 반응에서 얻은 생성물이 의도한 물질임을 입증하기 위해 분석 능력이 뛰어나야 한다. 만약 생성물이 다른 어떤 것으로 밝혀진다면, 연구자는 그 구조를 확인하고 또한 어떻게 생성되었는지 파악하는 화학 형사의 역할을 수행한다.

합성 다지인
(Devising a synthesis)

유기 화합물의 합성은 분자 내에서 각각의 원자가 정확한 위치에 있는지를 보장해야 한다. 이는 마치 모든 돌이 올바른 위치에 정확하게 굳혀진 성당을 짓는 것과 비교할 수 있다. 하지만 이것은 오히려 빈약한 비유이다. 성당은 돌 하나하나로 짓지만, 분자는 원자를 하나씩 쌓아 만드는 것은 불가능하다. 대신 목표 분자는 더 작은 분자들을 서로 연결하여 짓는다. 이들 더 작은 분자(출발 물질)는 상업적으로 이용가능해야 하며, 이상적으로는 목표 분자의 일부분과 유사해야 한다. 예를 들어, 메피바카인(mepivacaine)은 그 구조의 각 절반을 닮은 상업적으로 이용가능한 두 분자로부터 쉽게 합성될 수 있는 국소 마취제의 하나이다(그림 22). 이 두 분자를 연결하기 위해서, 한 분자의 작용기와 다른 분자의 작용기 간에 반응이 진행된다. 이 경우, 한 분자는 아민을 포함하고, 다른 분자는 에스터를 포함한다. 에스터와 아민의 반응에 의해 목표 분자에 필요한 아마이드가 생성된다.

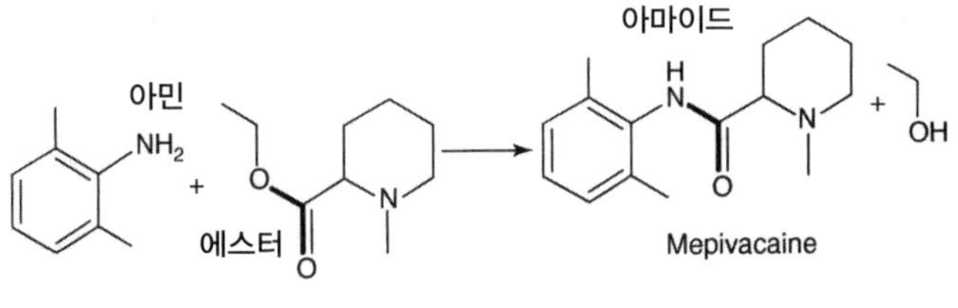

〈그림 22〉 메피바카인(mepivacaine) 합성.

합성에 사용할 분자 빌딩블록(building block)을 선택할 때, 유기화학자는 서로 다른 작용기 사이에서 일어날 수 있는 반응을 잘 이해할 필요가 있다. 또한 언제 반응이 일어나지 않을 것인가를 아는 것도 중요하다. 고혈압 치료에 사용되는 베타−차단제인 프로프라놀올(propranolol)의 합성에서 이를 증명할 수 있다(그림 23).

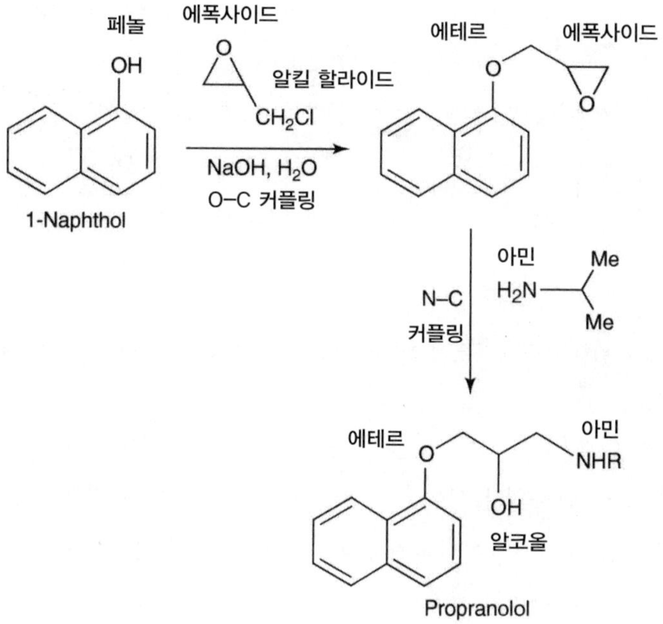

〈그림 23〉 프로프라놀올(propranolol) 합성.

이것은 세 개의 분자 빌딩블록을 포함하는 두 단계의 합성이다. 첫 번째 단계는 에폭사이드 및 알킬 클로라이드 두 개의 작용기를 함유하는 분자와 1−나프톨과의 반응을 포함한다. 염기 조건에서 1−나프톨의 페놀기는 알킬 클로라이드와 반응하여 염소를 치환한다. 이것은 새로운 O-C 결합으로 두 분자를 연결하여 에테르와 에폭사이드를 포함하는 생성물을 만든다. 여기서 페놀은 에폭사이드가 아닌 알킬 클로라이드와 반응하는 것에 주목해야 한다. 이것은 어떤 반응이 한 작용기(에폭사이드)보다는 다른 작용기(알킬 할라이드)에 대한 선택성을 나타내는 화학선택성(chemoselectivity)의 한 예이다.

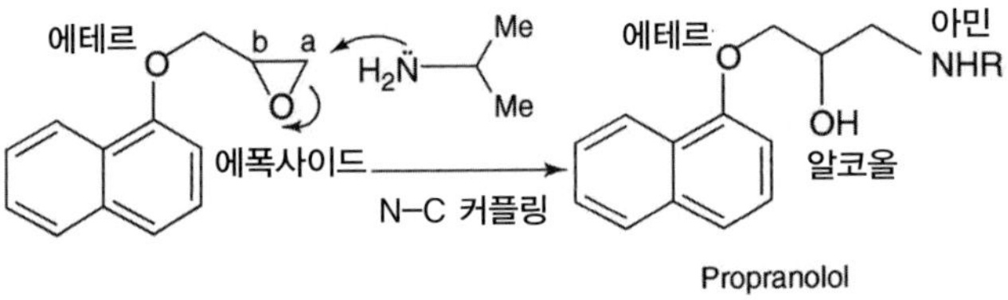

〈그림 24〉 위치선택적 반응(굽은 화살표의 중요성에 대해서는 이 장의 마지막에 설명함).

다음, 이 반응의 생성물은 아민을 포함하는 세 번째 빌딩블록과 반응한다(그림 23 및 24). 이것은 아민이 에테르가 아닌 에폭사이드와 반응하는 다른 화학선택적 반응이다. 결과적으로, 에폭사이드의 3원 고리가 열려 알코올 그룹을 생성하고 동시에 새로운 N-C 결합을 형성하면서 두 분자가 연결된다. 이 두 번째 단계에서는 아민이 에폭사이드 고리의 덜 치환된(less-substituted) 탄소와 반응하기 때문에 또 다른 형태의 선택성을 보여주고 있다. 이러한 유형의 선택성을 위치선택성(regioselectivity)이라고 한다.

〈그림 22-4〉의 반응은 서로 다른 분자 빌딩블록을 연결하기 때문에 커플링 반응으로 설명될 수 있지만, 합성 경로의 모든 반응이 이러한

성격을 갖는 것은 아니다. 실제로는 작용기변환(functional group transfor-
mations, FGTs)으로 표현되는 반응이 종종 훨씬 더 많다. 이름에서 알 수
있듯이, 이러한 반응은 한 작용기를 다른 작용기로 전환하는 것을 포함
한다. FGTs가 필요하게 될 수 있는 몇 가지 이유가 있다. 예를 들어, 두
분자를 서로 결합하는 데 필요한 작용기를 포함하는 분자 빌딩블록을
구하는 것이 불가능할 수 있다. 이것은 디마졸(dimazole)이라는 항진균
제의 합성에서 설명될 수 있다(그림 25).

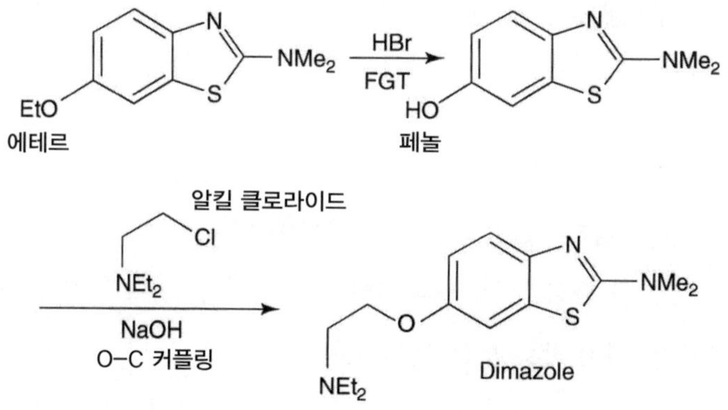

〈그림 25〉 디마졸(dimazole) 합성.

이 합성에서 첫 번째 빌딩블록은 에테르 작용기를 포함한다. 그러나
이것은 상당히 반응성이 낮은 작용기로서 커플링 반응은 불가능하다.
따라서 이 두 단계 합성의 첫 번째 반응은 에테르를 브로민화수소(HBr)
로 처리하여 반응성이 더 높은 페놀기로 전환하는 작용기변환을 포함
한다. 이 합성의 다음 단계는 페놀기가 두번째 분자 빌딩블록의 알킬
클로라이드와 반응하는 커플링 반응이다.

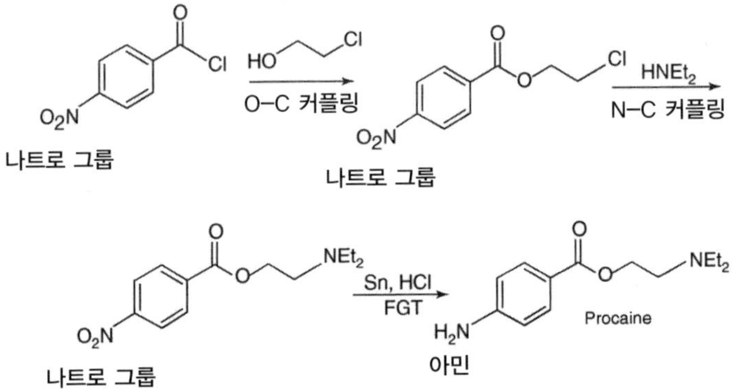

〈그림 26〉 프로카인(procaine) 합성.

작용기변환은 프로카인(procaine, 국소 마취제) 합성에도 유용하다(그림 26). 이 경우 FGT는 합성의 마지막 단계에 있으며, 니트로(nitro) 그룹을 아민으로 전환하는 것을 포함한다. 아민 그룹은 상당히 반응성이 큰 작용기이며, 원치 않는 부산물을 만들어 낼 앞선 두 개 커플링 반응을 방해할 것이다. 그러므로 이들 두 반응을 위해서 아민 그룹은 반응성이 낮은 니트로 그룹으로 '위장'된다.

FGT를 수행하는 데에는 다른 많은 이유가 있는데, 특히 복잡한 분자를 합성할 경우이다. 예를 들어, 출발 물질이나 합성 중간체가 분자 구조의 핵심 위치에 작용기를 갖고 있지 않을 수 있다. 그러면 그 작용기를 도입하기 위해 여러 반응을 필요로 할지 모른다.

다른 경우로는, 특정 위치에 작용기를 추가한 후 나중 단계에서 제거할 수도 있다. 이와 같은 작용기를 추가하는 한 가지 이유는 분자의 해당 위치에서 원하지 않는 반응을 차단하기 위한 것일 수 있다.

또 다른 흔한 경우는, 반응성 작용기가 후속 반응을 방해하지 않도록, 활성의 작용기를 반응성이 낮은 작용기로 전환하는 것이다. 나중에 이것은 또 다른 작용기변환에 의해 원래의 작용기로 복원된다. 이를 보호/보호해제(protection/deprotection) 전략이라 부른다.

목표 분자가 복잡할수록 합성에 대한 도전은 더 커진다. 복잡성은 존재하는 고리, 작용기, 치환기, 그리고 키랄 중심의 수와 관련이 있다. 예를 들어, 국소 마취제 벤조카인(benzocaine)은 진통제 모르핀(morphine)보다 훨씬 단순한 구조를 갖고 있다(그림 27). 벤조카인은 두 개의 분자 빌딩블록을 사용하여 단 한번의 반응으로 합성할 수 있는 반면, 모르핀의 최초 합성에는 총 29번의 반응이 필요했다. 합성 경로에 관여하는 반응이 많을수록, 전체 수율은 낮아진다. 예를 들어, 모르핀의 29-단계 합성은 전체 반응 수율이 0.0014%에 불과했다. 더욱이 최종 생성물은 라세미체(racemate)였다. 즉, 그것은 카이랄 분자의 두 거울상이성질체의 혼합물이었다. 이는 생성물의 절반만이 자연에 존재하는 거울상이성질체에 해당한다는 것을 의미한다. 이렇게 수율이 낮다면, 전합성(full synthesis)을 수행하는 것보다 양귀비 식물에서 모르핀을 추출하는 것이 더욱 경제적이다.

복잡한 분자의 다단계 합성을 성공적으로 설계하고 수행하려면 엄청난 기술과 창의력이 필요하며, 관련된 화학자들은 서로 다른 작용기들의 가능한 반응에 대한 철저한 지식이 필요하다. 그 결과 많은 유기화학자들이 단순한 출발물질에서 복잡한 천연물의 합성을 개발한 공로로 노벨 화학상을 수상했다. 예를 들어, 로버트 로빈슨 경(Robert Roninson)은 1947년 다양한 알칼로이드(alkaloids)의 합성을 고안한 공로로 노벨상을 수상한 영국의 유기 화학자였고, 미국의 화학자 로버트 우드워드(Robert Woodward)는 1965년 퀴닌(quinine), 콜레스테롤(cholesterol), 스트리크닌(strychnine), 그리고 클로로필(chlorophyll)과 같은 복잡한 천연물

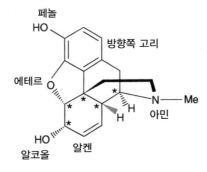

에스터

H_2N

아민　　방향쪽 고리

분자 질량 165
1 고리, 0 카이랄 중심
1 치환제
3 작용기

페놀

HO

방향쪽 고리

에테르

O

N — Me

아민

HO

H

알코올　　알켄

분자 질량 285
5 고리, 5 카이랄 중심
1 치환제
6 작용기

〈그림 27〉 벤조카인(benzocaine)과 모르핀(morphine)의 분자 복잡성 비교.

의 합성을 고안한 공로로 영예를 안았다. 일라이어스 코리(E. J. Corey)는 1990년 복잡한 분자를 합성하고 새로운 합성법을 개발한 공로로 노벨상을 수상한 또 다른 미국의 저명한 화학자이다.

태평양에 서식하는 플랑크톤 종에서 만들어지는 고분자량의 다환(multicyclic) 신경독인 마이토톡신(maitotoxin)의 합성은 현재 가장 큰 도전과제 중 하나이다. 이 플랑크톤을 섭취한 물고기를 잡아먹으면서 발생하는 식중독 사례도 적지 않았다. 이렇게 복잡한 분자의 전합성(total synthesis)은 결코 상업적인 모험이 되지는 않겠지만, 이 분자의 보다 간단한 조각을 합성함으로써 신경퇴행성 질환을 치료할 수 있는 새로운 약이 발견될 수 있다. 이상한 제안으로 보일 수도 있지만, 마이토톡신이 독성을 띤다면 더 간단한 이 구조의 조각 또한 독성을 띠게 될지도 모른다. 그러나 어떤 화합물이 독성을 띤다고 해서 그것이 의학에 이용될 가능성이 배제되는 것은 아니다. 독이나 독소가 약으로 유용하다는 것이 입증된 예는 많다. 예를 들어, 한때 남미 부족이 사냥 게임에 사용했던 화살독 튜보쿠라린(tubocurarine)은 수술에서 신경근육 차단제로 사용된 바 있다. 약의 기본 원리 중 하나는 그것이 독으로 작용하는지 또는 치료제로 작용하는지를 결정하는 것은 약의 용량(dose)이라는 사실이다. 그 초기 사례 중 하나가 미국 남북전쟁 당시 진통제로 사용된 모르핀이다. 정확한 용량으로 사용되었을 때 그 효과가 입증되었지만, 용량을 10배로 늘리게 되면 치명적이었다.

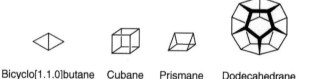

Bicyclo[1.1.0]butane   Cubane   Prismane   Dodecahedrane

〈그림 28〉 호기심 또는 도전의식으로부터 합성된 분자들의 예.

모든 합성 연구가 특정한 목적을 가진 유기 분자를 설계하고 합성하는 것을 목표로 하는 것은 아니다. 때때로 관련된 도전 때문에 연구가 수행된다. 예를 들어, 일부 연구 그룹은 특이하게 생긴 분자가 합성적으로 가능한지 여부를 조사한다(그림 28). 다른 연구 팀은 심미적인 매력을 가진 것으로 보이는 분자를 합성하는 도전을 스스로 설정했다. 예를 들어, 어떤 화학자들은 버키볼(buckyball)의 분자 구조에서 아름다움을 찾는 반면, 다른 화학자들은 로탁세인(rotaxane)이라 부르는 상호 맞물린 분자를 합성하는 도전에 끌린다(제9장). 이러한 종류의 연구는 종종 상업적인 동기보다는 과학적인 호기심에 의해 영감을 받는다. 그러나 버키볼과 로탁세인에 대한 잠재적인 응용은 분명히 있다.

레트로합성(Retrosynthesis)

레트로합성이란 용어는 다소 기만적인데, 사람들은 이것이 구식 합성을 수행하는 것을 일컫는 것이라고 생각하고 싶을 수도 있다. 사실 레트로합성은 유기화학자들이 합성을 실제로 수행하기 전에 미리 합성을 설계하는 방법이다. 이 설계 과정은 타깃 화합물의 구조를 파악하고, 이 분자가 어떻게 더 간단한 출발 물질로부터 합성될 수 있는지 알아내기 위해 거꾸로 작업하는 것을 포함하기 때문에 레트로합성(또는 역합성)이라 불린다. 그러므로 레트로합성의 핵심 단계는 '단절'되어 (disconnected) 이들보다 단순한 분자를 만들 수 있는 화학결합을 식별하는 것이다. 여기서 단절(disconnection)은 실제 반응이 아니고 순전히 계획적인 전략임을 인지하기 바란다.

화학자가 적절한 결합의 단절을 결정하는 데 도움이 되는 몇 가지 지침이 있지만, 핵심적인 원리는 단절로부터 식별된 분자들이 현실적이어야 한다는 것이다. 또한 실제 합성에서 그 분자들이 서로 연결되어 동일한 결합을 형성할 수 있는 알려진 반응이 있어야 한다. 이 때문에 단절을 위해 선호되는 결합으로는 C-O와 C-N 결합을 들 수 있는데, 이것은 잘 알려진 반응을 사용하여 좋은 수율로 이들 결합을 만들어 낼 수 있기 때문이다.

한 예로서 〈그림 29〉에 나타낸 구조를 고려해 보겠다. 적절한 단절은 구불구불한 선으로 표시된 C-N 결합을 포함한다. 실제 반응이 아니라 역합성임을 나타내기 위해 이 단절에 대한 특별한 화살표가 사용

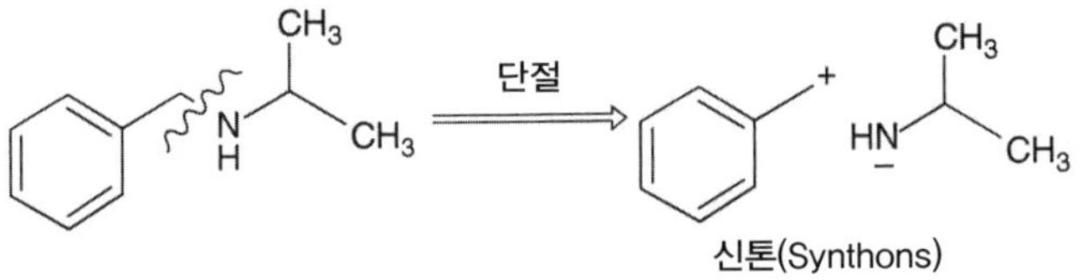

〈그림 29〉 레트로합성 (역합성).

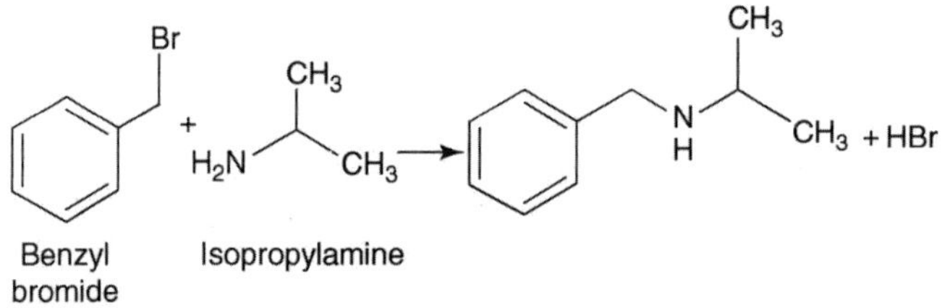

Benzyl   Isopropylamine
bromide

〈그림 30〉 (그림29)에 나타낸 레트로합성에 상응하는 합성반응.

된다. 이 결합의 단절로 인해 결과되는 두 개 구조를 신톤(synthon)이라 부르며, 서로 반대 전하가 주어진다. 신톤은 너무 반응성이 높기 때문에 현실적인 구조가 될 가능성은 낮다. 따라서 다음 단계는 그들을 닮은 실제 분자를 식별하고, 이들 분자가 서로 반응하여 원하는 생성물을 얻을 수 있는지 여부를 판단하는 것이다. 이 경우는, 벤질브로마이드(benzyl bromide)와 이소프로필아민(isopropylamine)이 적절한 출발 물질이 될 것이고, 〈그림 30〉에 나타낸 것과 같이 서로 반응하여 결합될 수 있다.

만약 단절로부터 식별된 두 분자가 상업적으로 이용가능하다면, 이들 분자를 구입하여 반응을 수행할 수 있다. 만약 두 분자가 상업적으로 이용가능하지 않다면, 이용가능한 출발 물질이 확인될 때까지 추가적인 레트로합성 분석이 진행된다. 복잡한 타깃 구조에 대해서, 이 레트로합성 스킴은 그 합성 자체에 필요한 반응 단계의 수에 상응하는 여러 단계를 포함하게 될 것이다.

반응 수행 및 모니터링
(Carrying out and monitoring a reaction)

　반응을 수행하는 것은 기본적으로 매우 간단하다. 화합물 A와 화합물 B는 보통 두 화합물을 모두 용해시키는 용매와 함께 혼합된다. 물은 비용, 안전, 및 최소한의 환경 영향 측면에서 이상적인 용매일 것이다. 안타깝게도 대부분의 유기 화합물은 물에 녹지 않으며, 따라서 유기 용매가 더 일반적으로 사용된다. 흔히 사용되는 용매에는 에탄올, 다이클로로메탄, 테트라하이드로퓨란, 아세트산에틸(에틸 아세테이트), 프로판온(아세톤), 톨루엔, 다이메틸설폭사이드, 그리고 다이메틸포름아미드가 포함된다. 각 용매는 장단점을 갖고 있으며, 특정 반응에 가장 적합한 용매를 선택하는 것은 종종 과거에 가장 잘 적용됐던 것으로 귀결된다.

　다양한 반응 성분들을 함께 섞은 다음, 반응이 어떻게 진행되는지 관찰하는 것이 중요하다. 화학 반응의 통상적인 이미지는 즉각적인 색 변화, '쉬익'하는 소리와 거품, 그리고 가끔은 '쾅'하는 소리이다. 하지만 실제로는 화학 시연에서 볼 수 있는 화려한 시각적이고 청각적인 효과를 내는 반응은 거의 없다. 더 일반적으로는, 두 개 무색의 용액을 함께 혼합하여 일어나는 반응이 또 다른 무색 용액을 생성하는 것이다. 온도의 변화는 조금 더 유익하다. 반응에 의해 열이 발생하면(발열 반응) 반응 용액의 온도가 증가한다. 그러나 모든 반응이 열을 발생시키는 것은 아니며, 온도를 측정하는 것이 반응의 완결 여부를 알려주는 확실한 방법은 아니다. 더 나은 접근은 반응 용액의 샘플을 시간에 따라 소량

여러 번 채취하고 이들을 크로마토그래피(chromatography) 또는 분광법
(spectroscopy)으로 테스트하는 것이다.

크로마토그래피로 반응을 관찰하는 다양한 방법이 있다. 가장 간단
한 것 중 하나는 얇은 층의 실리카로 코팅된 유리 또는 플라스틱 플레
이트를 사용하는 박막 크로마토그래피(thin layer chromatography, TLC)이
다(그림 31). 반응 용액의 샘플은 두 출발 물질의 샘플과 함께 플레이트
바닥 근처의 실리카 위에 한두 방울 떨어뜨린다. 용매가 증발되도록 두
면, 화합물이 플레이트 위에 건조된 스팟으로 남는다. 그 다음 플레이
트는 다른 용매가 들어 있는 크로마토그래피 탱크에 놓인다.

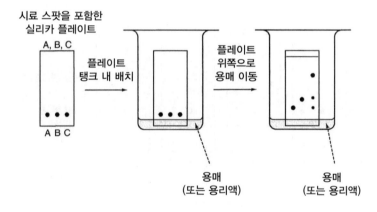

〈그림 31〉 박막 크로마토그래피(Thin Layer Chromatography, TLC).

이제 이 용매는 모세관 작용에 의해 플레이트 위쪽으로 이동하는데,
이때 용매는 화합물을 같이 끌고 올라간다. 서로 다른 화합물은 그 극
성에 따라 플레이트 위쪽으로 이동하는 정도가 달라질 것이다. 화합물
의 극성이 클수록, 플레이트 위로 이동하는 거리가 짧다. 실리카는 극

성이 큰 물질이기 때문에 극성이 큰 화합물이 비극성 화합물보다 이 물질에 더 많이 '붙어(stick)' 있게 될 것이다. 일단 용매가 플레이트의 꼭대기에 거의 도달하면, 플레이트를 크로마토그래피 탱크에서 꺼내고 용매가 증발하도록 둔다. 관련 화합물이 본질적으로 색을 띤다면, TLC 플레이트 상의 스팟들은 쉽게 볼 수 있다. 불행히도 대부분의 화합물은 색이 없으므로 스팟이 어디에 있는지 드러내기 위해 플레이트는 염색되어야 한다. 한 가지 방법은 요오드 증기로 TLC 플레이트를 처리하는 것이다. 요오드는 존재하는 어떤 화합물과도 반응하며 그들을 갈색 반점으로 보여준다.

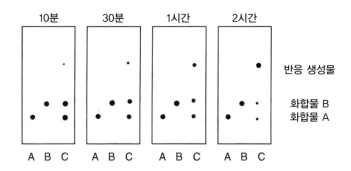

〈그림 32〉 TLC를 사용한 시간에 따른 반응의 모니터.

TLC를 사용하여 시간에 따른 반응을 관찰할 수 있다. 초기에는 반응이 거의 일어나지 않았을 것이고, 이 경우 반응 혼합물에서 나온 샘플(C)에는 대부분 출발 물질 A와 B가 포함되어 있을 것이다(그림 32). 반응이 진행됨에 따라, 생성물에 해당하는 새로운 스팟이 나타나고 그 강도가 증가하는 반면, 화합물 A와 B에 해당하는 스팟의 강도는 점차 감소한다. 더 이상 출발 물질이 존재하지 않거나, 또는 더 이상 변화의 증거가 없을 때, 반응이 완결된 것으로 판단할 수 있다. 하지만 모든 반응이 완결되는 것이 아님을 유의하기 바란다.

반응을 모니터하는 또 다른 방법은 적외선 분광법(infrared spectroscopy)으로 반응 혼합물의 샘플을 분석하는 것이다. 이것은 분자에 적외선을 조사하고, 어느 방사선이 흡수되는지 여부를 측정하는 것을 포함한다. 적외선은 분자내 결합과 상호 작용하여 특징적인 주파수에서 진동하게 만든다. 이런 일이 일어나면 에너지가 흡수된다. 흡수된 적외선의 주파수는 존재하는 특별한 종류의 작용기에 따라 특징적이다. 예를 들어, 카보닐기(C=O)는 알코올(O-H)기와는 다른 주파수의 적외선을 흡수한다. 따라서 케톤이 알코올로 환원되는 반응을 수행하는 경우(그림 33), 카보닐 흡수가 감소하고 하이드록실 흡수가 증가하는 속도를 따라가면서 반응을 모니터할 수 있다. 예를 들어, 2-부탄온(2-butanone)이 2-부탄올(2-butanol)로 환원되는 경우, 1,715 cm⁻¹에서 2-부탄온의 카보닐 흡수는 점차적으로 감소하고, 한편 3,350 cm⁻¹에서 2-부탄올의 하이드록실 흡수는 점차적으로 증가할 것이다(그림 34).

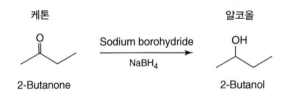

〈그림 33〉 케톤의 알코올로 환원.

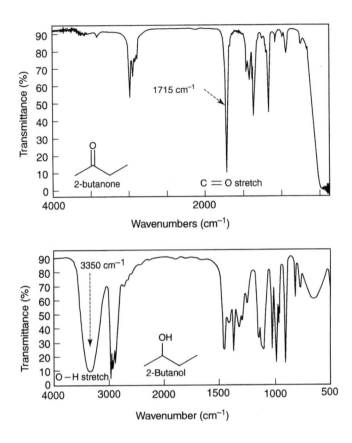

〈그림 34〉 2-부탄온과 2-부탄올의 IR 스펙트럼.

반응조건 변경(Changing the conditions of a reaction)

만약 반응이 매우 느리게 진행된다면, 다른 반응 조건들을 통해 속도를 높일 수 있다. 이것은 반응을 가열하고, 압력 하에서 반응을 진행하고, 내용물을 격렬하게 교반하며, 건조한 대기하에서 반응이 진행되는지 확인하고, 다른 용매를 사용하고, 촉매를 사용하거나, 또는 시약들 중 하나를 과량으로 사용하는 것을 포함할 수 있다.

반면, 반응이 너무 격렬해서 원하지 않는 부산물과 불순물이 생길 수 있다. 어떤 반응에서는 생성물이 만들어질 수 있지만, 이후 분해되거나 추가 반응을 겪을 수도 있다. 다시 말하지만 반응 조건을 변경함으로써 상황이 개선될 수 있다. 예를 들어, 반응은 차가운 낮은 온도, 또는 질소 분위기에서 수행될 수 있다.

반응이 얼마나 효율적으로 일어나는지에 영향을 미칠 수 있는 변수는 매우 많은데, 산업 분야의 유기화학자들은 특정 반응에 대해 이상적인 최적의 조건을 개발하기 위해 종종 고용된다. 이것은 '화학 개발(chemical development)'로 알려진 유기화학의 한 분야이다.

반응 생성물의 분리 및 정제
(Isolation and purification of a reaction product)

일단 반응이 진행되고 나면, 반응 생성물을 분리하고 정제할 필요가 있다. 이것은 종종 반응 자체를 수행하는 것보다 더 많은 시간이 소요된다. 이상적으로는, 반응에 사용된 용매를 제거하고 생성물을 남겨두는 것이다. 그러나 대부분의 반응에서는 여러 다른 화합물이 반응 혼합물에 존재할 가능성이 높기 때문에 이것은 불가능하다. 예를 들어, 반응이 완결되지 않았을 수도 있는데, 이 경우 소량의 출발 물질과 시약들이 여전히 존재할 것이다. 이것은 높은 수율을 얻기 위해 하나의 출발 물질을 과량으로 첨가한 경우에 특히 해당된다. 사용된 시약의 종류에 따라 무기염도 생성되었을 수 있다. 마지막으로, 일부 출발 물질이 의도한 것과는 다른 반응을 일으켜, 그 부반응의 결과로 불순물이 존재할 수 있다. 따라서 이들 여러 다른 화합물로부터 원하는 생성물을 분리하고 수거하는 처리과정을 수행하는 것이 대개 필요하다. 이것을 반응의 '워크업(working-up)'이라고 한다.

하나의 전형적인 반응 워크업은 다양한 추출 과정으로 시작된다. 물과 섞이지 않는 유기 용매 내에서 반응을 진행했다면 추출 과정을 바로 진행할 수 있다. 이와 같은 용매의 예로는 다이클로로메탄, 에틸아세테이트, 다이에틸에테르가 있다. 물과 섞이는 용매에서 반응이 진행되었다면, 증발을 통해 그 용매를 제거해야 한다. 그런 다음 조생성물(crude product)을 물과 섞이지 않는 적절한 유기 용매에 용해시킨다.

일단 조반응 혼합물이 적절한 용매에 용해되면, 추출 공정이 수행될

수 있다(그림 35). 하나의 예로서, 우리는 조반응 혼합물이 4개의 상이
한 유기화합물 (a-d)를 포함한다고 가정할 것이다. 화합물 (d)는 원하는
생성물이고, 화합물 (a) 및 (c)는 미반응 출발 물질인데, 여기서 화합물
(a)는 아민이고, 화합물 (c)는 카르복실산이다. 화합물 (b)는 부반응으로
형성된 불순물이다.

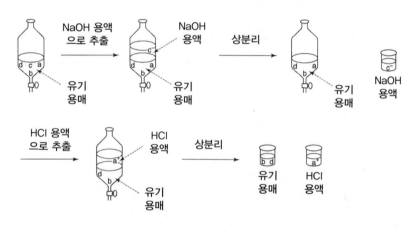

〈그림 35〉 반응 혼합물로부터 아민과 카르복실산을 제거하는데 사용하는 추출공정.

먼저 혼합물 용액을 분리 깔때기에 붓고 나서, 2개의 섞이지 않는 상
(phase)을 만들어 주기 위해 수산화나트륨 수용액을 첨가한다. 분리 깔
때기의 마개를 막고 흔들어서 상을 혼합한 다음, 다시 상이 분리되도록
둔다. 이렇게 함으로써, 수산화나트륨 용액은 혼합물에 존재하는 임의
의 카르복실산 (c)을 이온화하여 수용성의 카복실레이트를 생성한다(그
림 19). 이것은 물 층으로 이동한다. 이제 상이 분리되고, 화합물 (c)는
물 층에 남게 된다.

이어 유기층을 분리 깔때기로 옮기고 염산(HCl) 용액을 가해 흔들어

주게 되면, 존재하는 아민은 이온화될 것이다(그림 19). 다시, 두 상을 안정시킨 다음 분리한다. 이온화된 아민은 수용성이고 결국 HCl 수용액에 녹아 들어간다.

이제 유기층은 불순물 (b)와 생성물 (d)를 포함한다. 불순물이 염기성 또는 산성 용액에 추출되지 않았다는 것은 산성 또는 염기성 작용기를 함유하지 않는다는 것을 의미한다.

다음 단계는 물의 흔적을 제거하기 위해 유기층을 건조시키는 것이다. 이것은 유기 용매에 용해되지 않고 물을 흡수하는 황산마그네슘과 같은 무수염을 첨가함으로써 이루어진다. 염은 여과(filtration)에 의해 제거될 수 있으며, 그 다음 유기용매를 증류(distillation)에 의해 제거하면, 불순물 (b)로 오염된 조생성물 (d)가 남게 된다.

이젠 불순물 (b)를 제거하기 위해 조생성물의 정제가 필요하다. 한 가지 가능한 방법은 결정화(crystallization)를 수행하는 것이다. 이것은 생성물 (d)가 단지 약간 용해되는(용해도가 낮은) 어떤 용매에 조생성물을 용해시키는 것을 포함한다. 이는 생성물을 녹이기 위해서 가열이 필요하다는 것을 의미한다. 다음 이 뜨거운 용액은 서서히 냉각되도록 놓아둔다. 이렇게 하면, 생성물 (d)는 용액에서 결정으로 빠져나온다. 불순물이 상당히 적은 양으로 존재한다고 가정하면, 그것은 결정화될 가능성이 작고 용액에 남게 될 것이다. 다음 순수한 생성물의 결정은 걸러낼 수 있게 된다.

불행하게도, 많은 유기 화합물들은 특별히 잘 결정화되지 않거나 또는 오일 형태로 얻어진다. 이런 경우에 일반적인 접근법은 크로마토그래피를 사용하여 불순물로부터 생성물을 분리하는 것이다. 원리는 TLC와 같지만(그림 31) 실리카로 충전된 유리 컬럼을 사용하여 큰 규모로 실행된다. 조 혼합물 용액을 칼럼 꼭대기에 투입한 다음, 용매를 컬럼을 통해 아래로 흘려 보내면 여러 생성물들이 서로 다른 속도로 실리카를 통해 하강한다. 각 성분 화합물이 실리카 칼럼을 통과하면, 그것은 바닥에서 수집되고 그 용매를 증류시켜 순수한 화합물을 얻게 된다.

구조해석(Structural analysis)

반응이 성공적으로 진행되어 생성물이 분리 정제되었다고 가정하면, 그 생성물의 구조를 결정하는 것은 필수적이다. 반응의 결과를 결코 완전히 예측할 수 있는 것은 아니며, 반응이 의도한 것과 다른 생성물을 만들 가능성은 항상 존재한다. 유기 합성은 대들보가 예측 가능한 방식으로 연결된 토목 공사와는 다르다. 분자는 놀랍고도 예상치 못한 방식으로 반응할 수 있다.

이상적으로는 현미경 아래 반응 생성물을 놓고 분자를 직접 들여다보면 좋을 것 같다. 그러나 이것은 불가능하다. 분자 구조를 직접 시각화하는 데 가장 근접한 방법으로는 생성물의 결정을 얻어내고 X−선 결정학(X-ray crystallography)이라고 부르는 기술을 실행하는 것이다. 이것은 존재하는 원자를 결정하고 그 원자들이 어떻게 서로 연결되어 있는지 시각적으로 표현할 수 있다, 즉 분자 사진에 가장 가까이 갈 수 있는 방법이다. 그러나 X−선 결정학은 비교적 긴 시간이 걸린다. 게다가 실험실에서 합성된 유기 분자의 대부분이 오일 또는 액체이거나, 만족할 만한 결정을 만들지 못한다. 이와 같은 화합물에 대해서는 다른, 덜 직접적인 구조 결정 방법이 요구된다.

구조를 결정하는 데 사용할 수 있는 분석 도구는 여러 가지가 있다. 예를 들어, 원소 분석이라고 알려진 방법을 사용하여 화합물에 어떤 원소가 존재하는지, 그리고 그 상대적인 비율을 확인할 수 있다. 또한 질량 분석법을 사용하여 분자의 질량을 결정할 수도 있다. 이 두 가지 분석법의 조합은 화합물의 분자식(molecular formula)을 제공한다. 그러나 이들은 서로 다른 원자들이 어떻게 결합되어 있는지는 밝혀내지 못한다. 이미 앞에서 살펴본 바와 같이(그림 34), 적외선 분광법을 사용하여 어떤 특정한 작용기가 존재하는지 여부를 확인할 수 있지만, 그 스펙트럼은 분자의 탄소 골격에 대한 정보를 제공하지 못한다.

오랜 동안 X-선 결정학 이외에는 분자의 구조를 결정하는 명확한 방법이 없었기 때문에 많은 화합물의 구조를 결정하는 데 수년이 걸렸다. 1960년대부터, 핵자기공명(nuclear magnetic resonance, NMR) 분광법이라는 기술이 등장하면서 이 모든 것을 바꿔 놓았다. NMR 분광법은 특정 원소나 동위원소의 핵을 탐지하기 위해 전자기 방사선을 사용한다. NMR의 가장 일반적인 형태는 1H 또는 양성자 NMR로서 구조에 존재하는 모든 수소 원자의 핵을 탐지한다. NMR의 또 다른 일반적인 형태는 분자 구조의 모든 탄소 핵을 탐지하는 13C 또는 탄소 NMR이다. NMR 스펙트럼에서, 구조의 각 관련 원자는 시그널(피크)로 표시되며, 그 시그널의 위치는 원자의 분자적 환경을 나타낸다. 이것은 각 원자가 분자 내 어디에 위치하는지 확인하는 데 도움을 준다. 2-부탄온과 2-부탄올에 대한 탄소 NMR 스펙트럼은 각 구조에 존재하는 4개의 탄소 원자에 대한 4개의 시그널을 보여준다(그림 36). 두 스펙트럼 간에 가장 큰 차이점은 탄소-b로 인한 시그널이다.

양성자 NMR 스펙트럼은 일부 시그널이 여러 개의 피크로 나뉘기 때문에 더 복잡하다. 이것을 커플링 패턴(coupling pattern)이라고 한다. 예를 들어, 2-부탄온에 대한 양성자 스펙트럼은(그림 37) 탄소 a, c, d에 붙어 있는 수소를 나타내는 3개의 시그널을 가지고 있다. 시그널 a는 탄소 a에 붙어 있는 3개의 수소 원자에 대한 단일(a singlet) 피크이다. 시그널 c는 탄소 c에 붙어 있는 2개의 양성자에 대한 4개의 피크(a quartet)

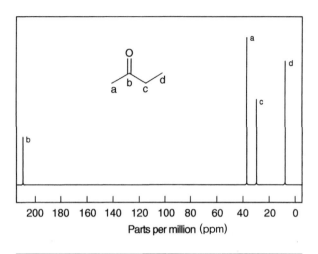

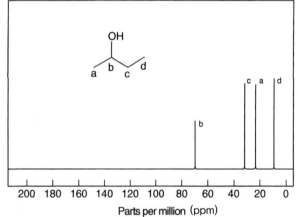

〈그림 36〉 2-부탄온과 2-부탄올의 13C NMR 스펙트럼 비교.

를, 그리고 시그널 d는 탄소 d에 붙어 있는 3개의 양성자에 대한 3개의
피크(a triplet)를 나타내고 있다. 시그널 b는 보이지 않는데 그 탄소에는
수소 원자가 붙어 있지 않기 때문이다.

시그널 c와 d에 대한 커플링 패턴이 스펙트럼을 복잡하게 만들 수 있

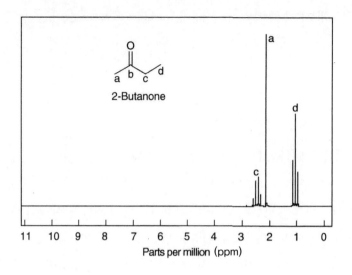

<그림 37> 2-부탄온의 1H NMR 스팩트럼.

지만, 이들은 분자 구조에 대한 매우 유용한 정보를 제공한다. 이는 어떤 시그널 내의 피크의 수가 이웃 탄소에 존재하는 양성자의 수를 시사하기 때문이다. 구체적으로 말하자면, 시그널에 관찰되는 피크의 수는 이웃 탄소에 있는 양성자의 수보다 하나 더 많다. 예를 들어, 시그널 c(CH$_2$ 그룹)는 4개의 피크를 가지고 있는데, 이것은 이웃 탄소(d 위치의 메틸 그룹)에 3개의 양성자가 있음을 나타낸다. 마찬가지로 시그널 d(CH$_3$ 그룹)는 3개의 피크를 가지고 있는데, 이것은 2개의 양성자가 이웃 탄소(c 위치의 CH$_2$ 그룹)에 존재함을 표시한다. 조합하면, 이는 구조에 에틸기가(CH$_2$CH$_3$) 존재함을 입증한다. 이와 같은 NMR 분석은 화학자들이 전체 구조를 통해 원자들이 어떻게 서로 연결되어 있는지 파악할 수 있도록 해준다.

반응 메커니즘(Reaction mechanisms)

유기화학에서 중요한 부분은 반응이 어떻게 일어나는지를 이해하는 것이다. 반응은 공유결합을 만들고 끊는 것을 포함한다. 특정 반응에 대한 메커니즘은 관련된 전자를 식별한다. 다시 말해서 하나의 새로운 결합이 형성되면, 이 새로운 결합을 위한 두 전자는 어디서 왔을까? 그 대신에 만약 하나의 결합이 끊어지면, 그 결합을 구성했던 두 전자는 어디로 갔을까?

이를 설명하기 위해 〈그림 38〉에 나타낸 반응을 고려해 보겠다. 이것은 1-브로모 프로판(1-bromopropane)을 수산화나트륨(NaOH)과 반응시켜 1-프로판올(1-propanol)을 생성하는 반응이다. 이 반응은 탄소와 브롬 간 결합의 절단, 그리고 탄소와 수산화기(OH)의 산소 원자 간 결합의 생성을 포함한다.

이 반응의 메커니즘은 〈그림 39〉에 나와 있다. 굽은 화살표(curved arrow)는 결합을 만들고 끊어내기 위한 전자쌍의 움직임을 표시한다. 예를 들어, 위쪽의 굽은 화살표는 C-Br 결합의 두 전자가 브롬 쪽으로 이동하고 있음을 나타낸다. 그 결과로 탄소와 브롬 간의 결합이 끊어지고, 관련된 두개 전자는 이제 브롬 이온 위에 네 번째 비공유전자쌍으로 존재한다. 결과적으로 브롬 이온은 음전하를 갖게 된다.

아래쪽 굽은 화살표는 수산화 이온의 산소 원자에 있는 한 쌍의 전자가 산소와 탄소 사이에 새로운 결합을 형성하는 데 사용되고 있음을 보여준다. 결과적으로, 생성물의 산소 원자는 이제 세 쌍이 아니라 두 쌍의 비공유전자를 갖게 되었다. 또한 그것은 음전하를 잃어버린다.

이것은 비교적 간단한 메커니즘이지만, 굽은 화살표의 사용 원리를 보여준다. 굽은 화살표는 반드시 전자쌍에서 출발해야 하는데, 이는 원자 상의 비공유전자쌍, 또는 두 원자 사이의 공유 결합에서 출발하여 그려져야 한다는 것을 의미한다. 화살표는 전자 이동이 끝나는 지점을 가리켜야 한다. 이것은 두 원자 사이의 새로운 공유 결합이거나 원자 상의 새로운 비공유전자쌍이 될 수 있다.

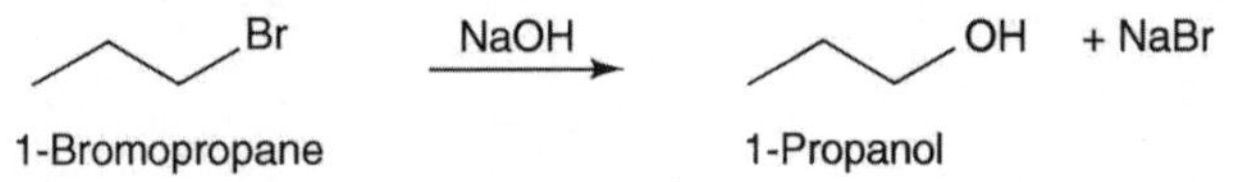

〈그림 38〉 1-브로모프로판과 NaOH의 반응.

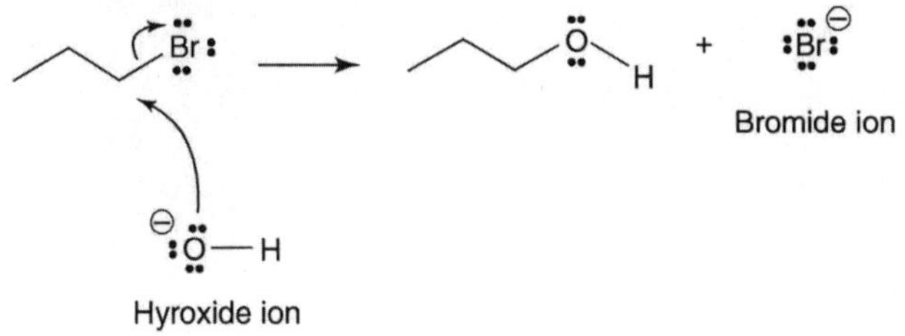

〈그림 39〉 (그림 38)에 나타낸 반응에 대한 반응 메커니즘.

제4장

생명의 화학
The chemistry of life

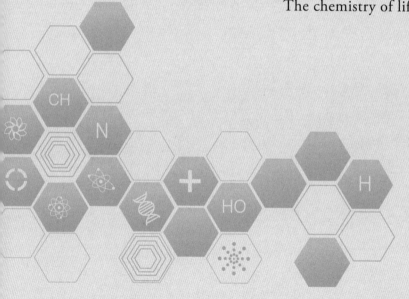

한때 유기화합물은 생명체에만 존재하고 실험실에서는 합성될 수 없다고 여겨졌다. 지금에 와서는 그렇지 않다는 것을 알고 있지만, 유기 분자가 이 행성 생명체의 기본이라는 것은 분명하다. 제3장에서는 유기화학자가 어떻게 더 작은 분자 빌딩블록으로부터 유기 분자를 합성하는지에 대해 설명했다. 이것은 매우 영리해 보일 수도 있지만, 자연은 훨씬 더 오랫동안 이와 같은 일을 해왔고, 훨씬 더 효율적으로 해낸다. 생명체는 매우 단순한 분자의 빌딩블록으로부터 놀라운 분자의 다양성을 창조해냈는데, 그 중 일부는 실험실에서 합성하기 매우 어렵다는 것이 입증된 극히 복잡한 구조체이다. 생명체는 복잡한 분자를 생산할 뿐만 아니라, 수분(aqueous) 환경의 온화한 조건하에서 그것을 해낸다.

아미노산 및 단백질(Amino acids and proteins)

단백질은 무수히 많은 목적을 수행하는 큰 크기의 분자(거대분자macromolecules)로서, 본질적으로 아미노산(amino acids)이라는 분자 빌딩블록으로부터 만들어진 고분자이다(그림 40). 인간의 경우 동일한 탄소 원자에 붙어 있는 카르복실산과 아민으로 이루어진 '헤드 그룹(head group)'을 갖는 20개 다른 종류의 아미노산이 있다(그림 41). 가장 단순한 아미노산은 글리신(glycine)인데, 글리신은 측쇄로서 단지 수소 원자를 갖고 있지만, 그 외 다른 모든 아미노산들은 어떤 형태의 측쇄 그룹(side chain)을 갖고 있다.

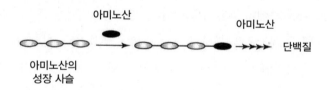

〈그림 40〉 아미노산이 한번에 하나씩 결합하여 형성되는 단백질의 생합성.

R = H	글리신
$R = CH_3$	알라닌
$R = CH(CH_3)_2$	발린
$R = (CH_2)_4NH_2$	라이신
$R = (CH_2)_2CO_2H$	글루탐산

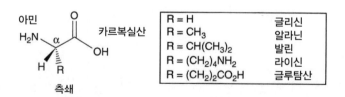

〈그림 41〉 선택된 α-아미노산의 구조.

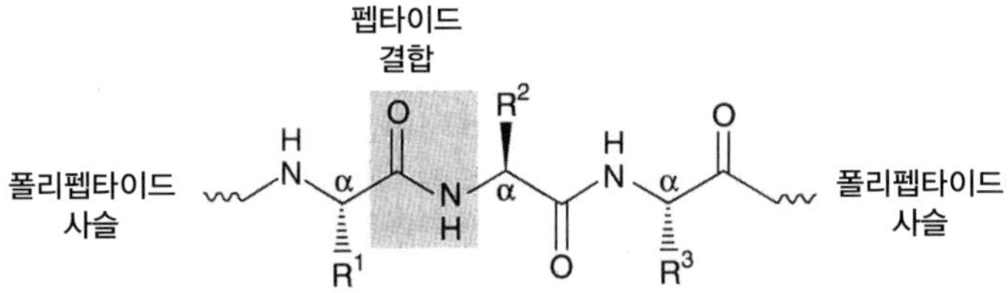

<그림 42> 각 α-탄소에 치환그룹 R1, R2, R3, 등이 결합된 단백질의 폴리펩타이드 골격.

아미노산의 카르복실산이 다른 아미노산의 아민기와 반응함으로써 아미노산들이 서로 연결되어 아마이드(amide) 결합을 생성한다. 단백질이 형성되고 있으므로 이 아마이드 결합을 펩타이드(peptide) 결합이라고 부르며, 최종 단백질은 서로 다른 측쇄를 가진 폴리펩타이드(poly-peptide) 사슬 (또는 골격, backbone)로 구성되어 있다(그림 42). 폴리펩타이드 사슬에 존재하는 아미노산의 배열을 1차 구조(primary structure)라고 한다. 단백질이 생성되면 하나의 특정한 3차원 모양으로 접히는데, 이는 서로 다른 측쇄와 펩타이드 결합 사이에서 일어나는 분자내 상호작용과 주변 물 분자와의 분자간 수소 결합에 의해 결정된다. 이 생명체의 단백질 합성법을 실험실에서 모방할 수 있다. 예를 들어, HIV 단백질분해효소는 실험실에서 합성된 바 있는 바이러스 효소이다.

뉴클레오타이드와 핵산(Nucleotides and nucleic acids)

 핵산은(그림 43) 또 다른 형태의 생체고분자이며, 뉴클레오타이드(nu-cleotides)라고 불리는 분자 빌딩블록으로부터 형성된다. 이것들은 연결되어, 교대하는(alternating) 당과 인산기를 골격으로 하는, 고분자 사슬을

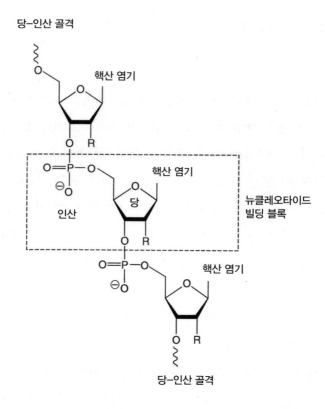

〈그림 43〉 핵산(R=H 또는 OH)의 일반적인 구조.

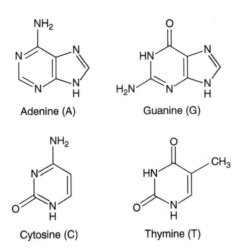

Adenine (A)　　　Guanine (G)

Cytosine (C)　　　Thymine (T)

〈그림 44〉 DNA에 존재하는 핵산 염기들.

생성한다. 두 가지 형태의 핵산, 즉 디옥시리보핵산(DNA)과 리보핵산
(RNA)이 있다. DNA에는 당이 디옥시리보오스(R=H)인 반면, RNA의
당은 리보스(R=OH)이다. 각각의 당 고리에는 핵산 염기가 붙어 있다.
DNA에는 아데닌(adenine, A), 티민(thymine, T), 사이토신(cytosine, C), 구
아닌(guanine, G)이라고 부르는 네 가지 다른 핵산 염기가 있다(그림 44).
이 염기들은 핵산의 전반적인 구조와 기능에 중요한 역할을 한다.

　DNA는 사실 두 개의 DNA 가닥으로 구성되어 있는데(그림 45), 여기
서 당-인산 골격이 서로 얽혀 이중나선(double helix)을 형성한다. 핵산
염기는 나선의 중앙을 가리키고, 각 핵산 염기는 수소 결합을 통해 반대
쪽 가닥의 핵산 염기와 '짝'을 짓는다. 염기 페어링(base pairing)은 구체적
으로 아데닌과 티민, 또는 시토신과 구아닌 사이에 일어난다. 이는 하나
의 고분자 가닥이 다른 가닥과 상호보완적이라는 것을 의미하며, DNA
가 유전 정보를 저장하는 분자로서 기능하는 데 매우 중요한 특징이다.

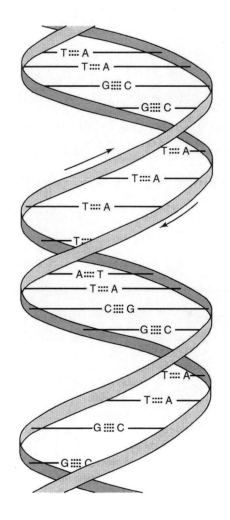

〈그림 45〉 DNA의 이중나선 구조.

기타 생합성 공정(Other biosynthetic processes)

중합(polymerization) 과정은 다른 많은 천연물의 생합성에 관여한다. 예를 들어, 지방산은 2-C 빌딩 블록으로부터 형성된다. 고리형 화합물의 경우, 중합 과정이 선형 고분자 사슬을 만들고, 이 고분자 사슬은 고리화 반응을 거친다. 예를 들어, 스테로이드(steroids)의 생합성은 5-C 빌딩 블록으로 구성된 고분자 사슬을 만들고, 이를 고리화하여 4환-고리(tetracycle) 구조를 형성한다(그림 46). 다른 유기체에서도 이와 동일한 일반 전략이 사용된다. 예를 들어, 페니실린 G는 2개의 아미노산과 1개의 지방산이 연결되고, 이어서 고리화 반응을 수행하여 생성된 곰팡이 대사산물이다(그림 47).

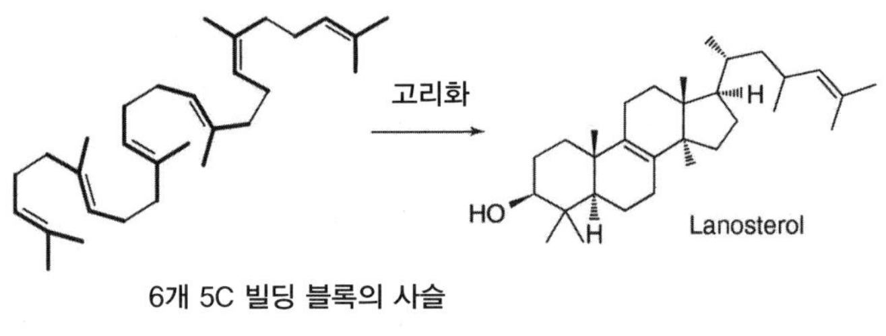

고리화

6개 5C 빌딩 블록의 사슬

HO

Lanosterol

〈그림 46〉 스테로이드 생합성에 관련된 반응.

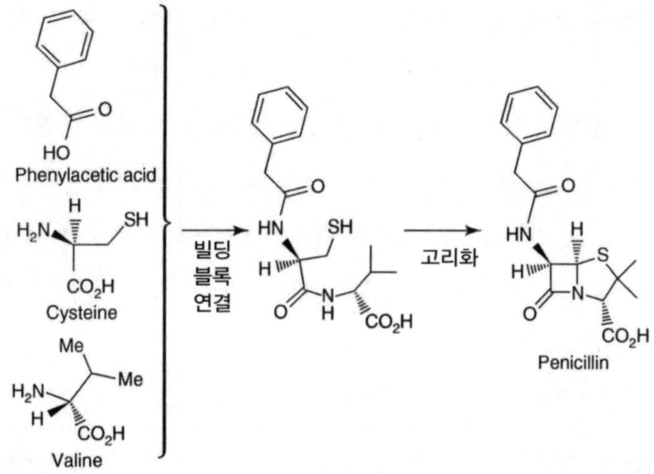

〈그림 47〉 페니실린 G의 일반적인 생합성 반응.

단백질의 기능(Function of proteins)

단백질은 다양한 기능을 갖고 있다. 콜라겐(collagen), 케라틴(keratin), 엘라스틴(elastin)과 같은 일부 단백질은 구조적인 역할을 한다. 다른 단백질들은 생명의 화학 반응을 촉진하며 효소(enzyme)라고 불린다. 이들은 활성 부위(active site)라고 불리는 공동(cavity)을 포함하는 복잡한 3D 모양을 갖고 있다(그림 48). 이곳은 효소가 효소−촉매 반응을 수행할 분자(기질, substrates)에 결합하는 장소이다. 결과의 반응 생성물은 이후 방출된다.

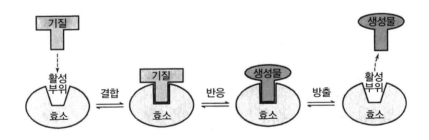

〈그림 48〉 효소−촉매 반응의 전체적인 과정.

기질은 효소의 활성 부위에 맞도록 정확한 모양을 가져야 하지만, 그 부위와 상호 작용하기 위해서는 결합 그룹도 필요하다(그림 49). 이러한 상호 작용은 활성 부위에서 반응이 일어나도록 충분히 오래 기질을 붙잡아주게 되는데, 전형적으로 반데르발스와 이온 상호작용뿐만 아니라

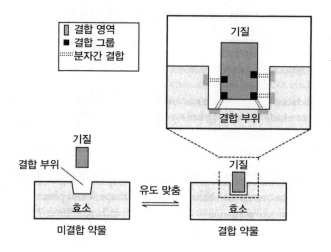

결합 영역
결합 그룹
분자간 결합

기질

결합 부위

기질

결합 부위

기질

효소

유도 맞춤

효소

미결합 약물

결합 약물

〈그림 49〉 기질이 효소의 활성점에 의해 인식되는 과정.

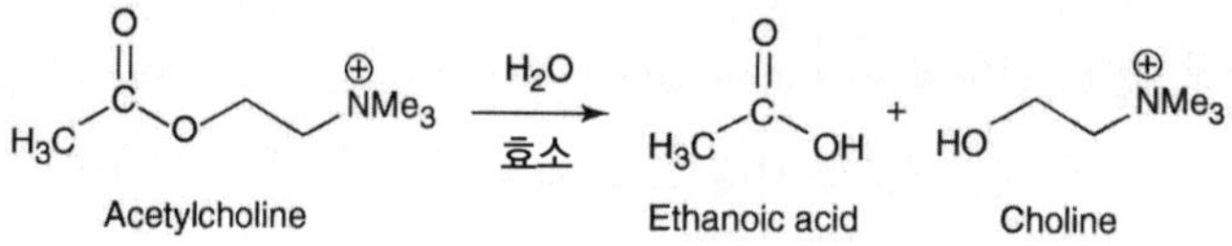

H₃C, Acetylcholine, H₂O, 효소, Ethanoic acid, Choline

〈그림 50〉 아세틸콜린의 효소-촉매 가수분해.

수소 결합을 포함한다. 기질이 결합할 때, 효소는 보통 유도 맞춤(induced
fit)을 거친다. 다르게 표현하면, 기질을 잘 수용하고, 가능한 한 단단히
붙잡기 위해 활성 부위의 모양이 약간 변한다.

　일단 기질이 활성 부위에 결합되면, 활성 부위의 아미노산이 다음 반
응을 촉매작용 한다. 효소-촉매 반응의 한 예는 아세틸콜린(acetylcholine)

이라 부르는 신경전달물질의 가수분해이다(그림 50). 수중에서 이 반응은 매우 느리지만, 만약 효소가 존재하게 되면 수백만 배나 빠르게 일어난다.

수용체(receptors)라는 단백질은 세포 간의 화학적 커뮤니케이션에 관여하고, 신경으로부터 방출되면 신경전달물질(neurotransmitter), 또는 분비선에서 방출되면 호르몬(hormone)이라 불리는, 화학적 메신저들에 반응한다. 대부분의 수용체는 세포막에 박혀, 그 구조의 일부는 세포막의 바깥 표면에, 다른 일부는 안쪽 표면에 노출되어 있다. 바깥 표면에는 분자 메신저와 결합하는 결합 부위가 있다. 다음 수용체를 활성화시키는 유도 맞춤이 일어난다. 이는 기질이 효소와 결합할 때 일어나는 현상과 매우 흡사하다(그림 49). 그러나, 수용체에는 촉매 활성이 없다. 분자 메신저는 일정 시간 동안 결합된 상태를 유지하다가 그대로 떠난다. 이렇게 되면 단백질 수용체는 다시 비활성 상태로 돌아온다.

유도 맞춤은 수용체가 세포 내로 메시지를 전달하는 메커니즘에 매우 중요한데, 신호 변환(signal transduction)으로 알려진 과정이다. 모양을 바꿈으로써 단백질은 세포의 내부 화학에 영향을 미치는 일련의 분자 이벤트를 시작한다. 예를 들어, 일부 수용체는 이온 채널(ion channel)이라고 불리는 다중 단백질 복합체의 일부이다. 수용체가 모양을 바꾸면, 그것은 전체 이온 채널이 모양을 바꾸도록 만든다. 이로써 중심 기공이 열리고, 이온이 세포막을 가로질러 흐를 수 있도록 만든다. 세포 내의 이온 농도가 바뀌고, 이것은 궁극적으로 근육 수축과 같은 가시적인 결과로 이어지는 세포 내의 화학 반응에 영향을 미친다. 모든 수용체가 막에 묶여 있는 것은 아니다. 예를 들어, 스테로이드 수용체는 세포 내에 위치한다. 이는 스테로이드 호르몬이 목표 수용체에 도달하기 위해 세포막을 통과해야 할 필요가 있다는 것을 의미한다.

수송 단백질들도 세포막에 내장되어 있고 아미노산과 같은 극성 분자를 세포 내로 수송하는 역할을 한다. 또한 수송단백질은, 신경이 방출된 신경전달물질을 포획하도록 만들어 그들의 활동 기간을 제한하기 때문에, 신경 작용을 조절하는 데도 중요하다. 수송 단백질은 표적 분자와 결합하는 세포외(extracellular) 결합 부위를 보유하고 있다. 일단 결합되면 그 분자는 단백질을 통과하여 세포 내로 방출된다.

핵산의 기능(Function of nucleic acids)

DNA는 유전자 정보를 저장하고 이를 한 세대에서 다른 세대로 전달하는 역할을 하는 분자이다. 그러나, 오랜 동안 DNA는 이러한 역할을 할 가능성이 낮은 후보로 여겨졌다. 그 주쇄는 당과 인산기의 규칙적인 배열이었고, 핵산 염기는 단지 4개의 다른 종류만 존재하며, 사슬을 따라 무작위로 배열된 것처럼 보였다. 그러나 이와 같은 인식은 DNA가 특정 염기쌍 사이의 상호작용에 의해 결합된 이중나선(double helix)이라는 것이 밝혀졌을 때 극적으로 바뀌었다. 이것은 두 사슬이 상호 보완적이라는 것을 의미했고, DNA가 어떻게 한 세대에서 다른 세대로 유전 정보를 전달할 수 있는지 보여주었다. 이중나선을 풀게 되면, 각 가닥은 새로운 가닥을 만들어 두 개의 동일한 '딸' DNA(daughter DNA) 이중나선을 만들 수 있는 템플릿 역할을 할 수 있습니다(그림 51). 그러나 이는 여전히 네 글자(A, T, G, C) 유전자 알파벳이 어떻게 20개의 아미노산을 암호화할 수 있는지에 대한 의문을 남겼다. 그 해답은 삼중항(triplet) 코드에 있는데, 여기서 아미노산은 하나의 뉴클레오타이드가 아니라, 세 개의 세트로 암호화된다. 네 개의 '글자'를 사용하여 만들 수 있는 삼중항 조합의 수는 모든 아미노산을 암호화하기에 충분한 정도보다 더 많다.

RNA는 세포에 존재하는 다른 형태의 핵산으로서, 단백질 합성(또는 번역 translation)에 결정적이다. RNA는 메신저 RNA(mRNA), 전달 RNA(tRNA), 그리고 리보솜 RNA(rRNA)의 세 가지 형태가 있다. mRNA는

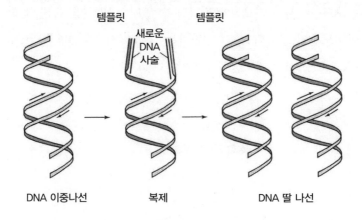

템플릿　　　　템플릿
새로운
DNA
사슬

DNA 이중나선　　복제　　　DNA 딸 나선

〈그림 51〉 DNA 사슬의 복제(replication).

특정 단백질의 유전자 코드를 DNA에서 단백질 생산 부위로 전달한다. 기본적으로 mRNA는 DNA의 특정 부분을 단일 가닥으로 복사한 것이다. 그 정보를 복사하는 과정을 전사(transcription)라고 한다.

tRNA는 분자 어댑터 역할을 함으로써 mRNA의 삼중항 코드를 해독한다. tRNA의 한쪽 끝에는, mRNA의 세 개 염기 세트(코돈, the codon)와 염기쌍을 만들 수 있는 세 개 염기 세트(안티코돈, the anticodon)가 있다. 아미노산이 tRNA의 다른 쪽 끝에 연결되고, 존재하는 그 아미노산의 종류는 존재하는 안티코돈과 관련이 있다. 정확한 안티코돈 염기를 가진 tRNA가 mRNA의 코돈과 짝을 이루면, 그 코돈에 의해 아미노산이 암호화된다.

rRNA는 리보솜이라고 불리는 구조의 주 성분인데, 단백질을 생산하는 공장 역할을 한다. 리보솜은 mRNA와 결합하고 번역(translation) 과정을 조율하고 촉매작용 한다. 각 리보솜은 mRNA의 끝에 붙어 그 길이를 따라 이동한다. 이렇게 하면 한 번에 두 개의 코돈만 노출되어 두 개의 tRNA 분자가 리보솜에 결합할 수 있다. 단백질은 한 번에 한 개의 아미노산이 구축되고, 그 성장하는 단백질 사슬은 하나의 tRNA에서 다른 tRNA의 아미노산으로 전달된다(그림 52).

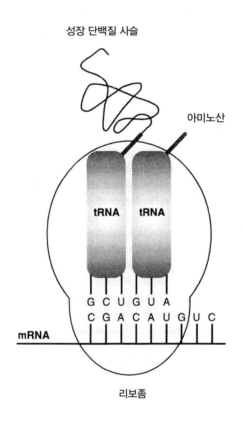

〈그림 52〉 번역(translation).

화학적 진화(Chemical evolution)

1880년대에, 찰스 다윈(Charles Darwin)은 생명에 필수적인 유기 화학 물질이 '따뜻한 작은 연못'에서 생성되었을 수 있다고 제안했다. 그때부터 유기 화학자들은 생명체가 출현하기 전 10억 년 동안 지구상에 생명체를 위한 필수 빌딩블록이 어떻게 형성되었을 것이라는 가설을 내놓았다. 이것이 화학적 진화 또는 프리바이오틱 화학(prebiotic chemistry)이라고 알려진 주제이다.

화학적 진화를 진지하게 연구한 최초의 화학자는 시카고 대학에서 일했던 스탠리 밀러(Stanley L. Miller)와 해럴드 유레이(Harold C. Urey)였다. 1953년, 그들은 프리바이오틱 기간 동안 존재했을 환경 조건을 모방하여 설계된 실험을 수행했다. 그들은 지구의 초창기 대기가 —단지 식물 생명체가 정착한 후에야 나타난— 산소보다는 메탄과 암모니아와 같은 가스를 포함한 것으로 제안하였다.

밀러와 유레이가 고안한 실험은 바다를 모방하기 위한 물이 담긴 둥근-바닥 플라스크와 대기를 표현하기 위한 메탄, 암모니아 및 수소의 혼합물을 포함한다. 번개를 모방하기 위해 플라스크에 전하(electrical charge)를 통과시킬 수 있도록 전극 몇 개를 삽입하였다. 번개가 가스 분자간 반응을 유도하는 데 필요한 에너지를 공급할 수 있고, 형성된 생성물은 결국 '바다'로 녹아 들어갈 것이라고 제안되었다.

이 실험은 일주일 동안 진행되었고, 그 물을 분석했을 때 자연에 존재하는 수많은 아미노산이 존재한다는 것이 밝혀졌다. 이 한번의 실험으로 많은 과학자들은 지구뿐만 아니라 우주의 다른 곳에서도 생명체가 발현될 수 있다고 확신했다.

이후의 실험들은 에너지원으로서 열이나 자외선을 사용하여서 유사한 반응이 일어난다는 것을 증명했다. '대기(atmosphere)' 성분으로 다른 기체들을 사용한 실험 또한 수행되었는데, 산소가 아미노산의 생성을 차단한다는 것을 보여주었다. 시안화수소가 존재했다면, 아데닌(adenine)이 생성되었다. 아데닌은 핵산 염기 중 하나이며, 여러 생화학 물질에 나타나는데, 이는 화학 진화 과정에서 일찍부터 형성되었을 수 있음을 시사한다. 실제로 아데닌의 구조는 전적으로 5개의 시안화물 분자에서 파생될 수 있는 C-N 분절로 구성되어 있다(그림 53). 포름알데하이드가 '대기'에 포함되었을 때는 리보스(ribose)가 형성되었다. 현재 많은 과학자들은 지구의 프리바이오틱 대기가 이산화탄소, 일산화탄소, 그리고 질소를 포함했을 것으로 믿고 있다. 이러한 혼합 기체 내에서 진행된 밀러-유레이(Miller-Urey) 타입의 실험 또한 생명체의 분자 빌딩블록을 생성하였다.

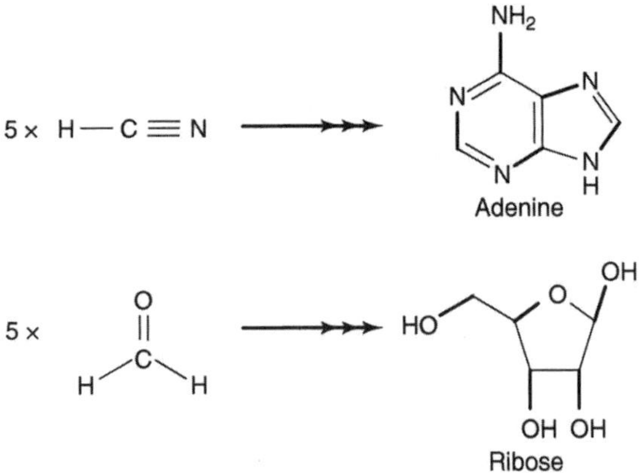

〈그림 53〉 아데닌과 리보스의 가능한 빌딩블록.

화학적 진화의 또 다른 이론은 생명체의 빌딩블록이 심해(deep-sea) 열수 분출구에서 형성되었다는 것이다. 이 분출구는 프리바이오틱 반응에 필요한 화학 물질의 혼합물을 내뿜고, 또한 에너지원으로서 열을 제공한다. 게다가 형성된 생성물은 지구 표면의 적대적인 환경으로부터 보호되고, 단백질 및 핵산과 같은 생체 고분자를 만들 가능성이 더 높다.

한편, 또 다른 이론은 생명체의 구성 요소들이 우주 공간에서 합성된 후 운석 소나기에 의해 지구로 들어왔다고 제안한다. 천체화학(astro-chemistry)은 외계의 유기 분자를 찾음으로써 이러한 가능성을 조사해 온 화학의 한 분야이다. 예를 들어, 메탄은 목성, 토성, 천왕성, 해왕성 대기의 주요 성분으로 감지되었다. NASA의 큐리오시티 로버(Curiosity Rover)는 화성의 표면에서 유기 분자를 찾고 있었고, 2014년 11월 유럽 우주국의 로제타(Rosetta) 탐사선은 필래(Philae)라고 불리는 로봇 감지기를 운석에 착륙시켰다. 초기 데이터는 혜성의 대기에서 유기 분자를 찾아냈다. 또한 타이탄(Titan, 토성의 달 중 하나)의 대기에 유기분자가 존재하는지 여부를 알아내는 것에도 관심이 있다. 카시니(Cassini) 탐사선은 2004년부터 그 달의 궤도를 돌고 있었고, 현재 타이탄은 다환방향족(polyaromatic) 탄화수소를 포함하는 대기를 갖고 있다고 알려져 있다. 타이탄의 메탄 호수도 질소-함유 유기분자를 갖고 있을지 모른다. 그러나 산소의 부족과 타이탄의 극도로 낮은 온도는 생명체의 진화를 불가능하게 만들 것이다.

지구상에서, 우주 공간의 조건을 모방하고, 어떤 합성 반응이 일어날 수 있는지 알아보기 위해 다양한 실험들이 수행되어 왔다. 한 가지 가능성은, 우주 공간에서 대량으로 검출된 단순한 유기 분자인 포름아마이드(formamide)에 태양풍이 작용한 결과로서, 운석 위에서 반응이 일어나고 있다는 것이다. 포름아마이드와 운석 먼지의 혼합물에 양성자 빔을 조사하는 시뮬레이션 실험이 생명체의 다양한 분자 빌딩블록을 만들어냈다. 콘드라이트(chondrites)라고 불리는 운석에 대한 특별한 흥미가 있다. 이것들은 우주에서 가장 오래된 운석이고, 이들이 반응을 촉매하는 것을 도울 수 있다고 여겨지고 있다. 다음, 그와 같은 운석이 생명체의 화학적 빌딩블록을 행성에 '씨앗(seed)' 뿌린다면, 우주의 다른 곳에서 발견된 생명체가 지구상의 생명체와 분자적으로 유사할 가능성이 있다. 운석 '씨앗' 이론에 대한 한 가지 반론은 운석이 행성의 대기에 진입할 때 경험하는 극심한 열에서 과연 유기 분자가 살아남을 수 있는지 여부이다.

진화의 수수께끼 중 하나는 어떻게 아미노산과 탄수화물의 단일 거울상이성질체가 단백질과 핵산의 선호되는 빌딩블록으로 선택되었는지에 관한 것이다. 베스터−울브리히트(Vester-Ulbricht) 가설이라고 불리는 한 가지 이론은 전자(electrons)가 왼손잡이 스핀과 오른손잡이 스핀을 가지고 있다는 사실에 근거한다. 왼손잡이 전자 또는 오른손잡이 전자로 이루어진 편광 조사(polarized radiation)는 카이랄 분자의 한 개 거울상이성질체를 다른 것보다 더 빨리 분해했을 수도 있다. 이에 대한 몇몇 실험적인 증거는 있다. 그러나 아미노산이나 탄수화물에 대해서는 아직 입증되지 않았다.

생명체 바이오폴리머의 진화
(Evolution of life's biopolymers)

아미노산, 탄수화물, 그리고 핵산 염기는 다양한 프리바이오틱 환경 조건에서 생성될 수 있지만, 이들이 단백질과 핵산으로 중합하는 데는 실패한다. 중합이 일어나기 위해서는, 어떤 형태의 촉매 작용을 필요로 한다. 살아 있는 세포에서, DNA 합성은 단백질에 의해 촉매 되지만, 이들 단백질의 합성은 DNA가 제공하는 유전 정보에 의존한다. 두 가지 합성 과정은 상호 의존적이다. 더욱이 생명은 한 세대에서 다른 세대로 전달되는 유전 정보에 달려 있다. 어떻게 이것은 진화할 수 있었을까?

하나의 이론은 분자가 자신의 복제를 촉매할 수 있는 프리바이오틱 조건에서 생성되었다는 것이다. 이것이 초기 단백질인지 또는 DNA 구조인지에 대해서는 논쟁이 있어 왔다. 그러나 이 두 가지 가능성에는 문제가 있다. 아미노산은, 프리바이오틱 조건에서 메탄과 암모니아로부터 형성될 수 있는 시안아미드(cyanamide)라는 간단한 촉매 존재 하에서, 분명히 결합하여 펩타이드를 생성할 수 있다. 그러나 아미노산이 서로 연결되는 순서나, 또는 유용한 펩타이드가 복사될 수 있는 어떤 메커니즘에 대한 제어는 없다.

DNA에 관한 한, 올리고 뉴클레오타이드라고 부르는 작은 DNA 사슬이 프리바이오틱 조건에서 형성될 수 있다. 이와 같은 분자는 잠재적으로 동일한 분자의 주형(template) 역할을 할 수 있지만, 너무 짧아서 유용한 유전 정보를 담을 수 없고, 그 복제를 촉진할 프리바이오틱 촉매 메커니즘이 없다.

현재 대부분의 과학자들은 생명체의 진화를 촉발한 핵심 분자가 RNA라고 믿고 있다. 이는 RNA가 단백질 합성에서 중심적인 역할을 하는 것을 고려할 때 합리적인 제안이다. RNA의 초기 형태는 동일한 복제물의 합성을 위한 주형 역할을 하는 진화였을 수 있으며, 이 경우 RNA는 유전 정보의 원래 저장 분자였을 것이다. 또한 이 초기 RNA는 자가 복제 과정을 촉매할 수 있었다는 것으로 제안되었다. 최근의 연구는 오늘날의 RNA 분자 중 일부가 촉매 특성을 가지고 있음을 보여주었다. 그와 같은 분자를 리보자임(ribozymes)이라 부른다. 아마도 초기의 생명체는 현재 DNA와 단백질이 수행하는 기능을 제공하기 위해 리보자임에 의존했을 것이다. 오늘날의 세포에 있는 리보솜(ribosome)은 초기의 리보자임에서 진화했을 것이라고 제안되기도 했다. 서로 다른 유기체에 있는 리보솜의 중심 영역은 비교적 비슷한데, 이는 38억 년 전의 공통된 분자 조상을 암시할 수 있다. 그 조상은 프리바이오틱 화학에서 생명체 자체로의 중요한 전환을 흔적으로 남겼을 수도 있다.

단백질과 핵산의 이용
(Making use of proteins and nucleic acids)

효소와 핵산은 점점 더 상업적인 용도로 이용되고 있다. 예를 들어, 효소는 연구 실험실에서 반응의 촉매로서, 그리고 의약품, 농약, 바이오 연료와 관련된 다양한 산업 공정에 일상적으로 사용된다. 과거에는 효소가 비용이 많이 들고 느린 공정으로 천연 자원에서 추출되어야 했다. 그러나 오늘날, 유전 공학은 핵심 효소를 위한 유전자를 빠르게 성장하는 미생물 세포의 DNA에 도입하여, 효소를 더 빠르고 훨씬 더 높은 수율로 얻을 수 있게 해준다. 또한 유전 공학은 효소를 구성하는 아미노산을 변형시키는 것을 가능하게 만들었다. 이렇게 변형된 효소는 촉매로서 더 효과적이고, 더 넓은 범위의 기질을 수용할 수 있으며, 보다 더 가혹한 반응 조건에서도 살아남게 되었다. 예를 들어, 변형된 효소는 당뇨병 치료에 사용되는 제제인 시타글립틴(sitagliptin) 합성에서 핵심적인 합성 단계를 촉매하는 데 사용되었다. 천연 효소는 해당 기질의 크기가 너무 커서 활성 부위에 맞지 않기 때문에 이 반응을 촉매할 수 없었다. 유전공학은 더 큰 활성 부위를 가진 변형된 효소를 생산하였다.

노보자임(Novozymes)이나 듀퐁(Du Pont)과 같은 회사는 변형 효소의 디자인을 전문으로 하고 있다. 예를 들어, 생물학적 세제에는 푸드, 혈액, 땀으로 인한 지속적인 얼룩을 제거하는 데 촉매작용 하는 다양한 효소가 포함되어 있다. 단백질분해효소는 단백질의 펩타이드 결합을 절단하고, 리파아제는 지질과 지방의 에스터 그룹을 절단하고, 아밀라아제는 녹말을 분해한다. 셀룰라아제는 의류 내 셀룰로오스 섬유를 부분적으로 분해하여 갇힌 먼지 입자를 제거해내는 것을 도와준다.

실험실뿐만 아니라 자연계에서도 끊임없이 새로운 효소가 발견되고 있다. 특히 곰팡이와 박테리아에는 유기화합물을 분해하는 효소가 풍부하다. 전형적인 박테리아 세포에는 약 3,000개의 효소가 있고, 곰팡이 세포는 6,000개의 효소를 함유하고 있는 것으로 추정된다. 세균과 곰팡이 종의 다양성을 고려할 때 이는 새로운 효소의 거대한 저장고를 의미하고, 지금까지 조사된 효소는 단지 3%에 불과하다고 추정된다. 극한 기후에서 살아남는 미생물은 가혹한 조건에서 작동하는 효소의 특별히 유용한 공급원이 될 수 있다. 예를 들어, 북극에 사는 미생물은 실온에서 효과적이고 반응을 가열할 필요가 없는 효소를 제공했다. 높은 pH에서 작용하는 단백질분해효소가 묘지에서 성장하는 미생물로부터 발견되었는데, 이 효소는 세제에 유용한 첨가물임이 입증되었다.

아밀라아제를 포함한 많은 효소들이 에탄올과 같은 바이오 연료의 생산에 중요한 것으로 밝혀졌다. 이 효소들은 사탕수수와 옥수수에서 발견되는 전분과 글리코겐의 분해를 촉매작용 한다. 불행하게도 식량 작물로부터 바이오 연료를 생산하는 것에는 중대한 단점이 있는데, 왜냐하면 이는 더 적은 식량이 마트에 도달하게 되고 가격이 인상된다는 것을 의미하기 때문이다. 더 나은 접근법은 현재 버려지고 있는 식물 재료를 사용하는 것이다. 따라서 식물의 잎과 줄기에 존재하는 셀룰로오스를 분해하는 셀룰라아제 효소를 찾기 위한 연구가 진행되고 있다. 예를 들어, 노보자임(Novozymes)은 바이오에탄올 생산에 이용될 수 있는 셀릭(Cellic)이라고 불리는 셀룰라아제 효소의 혼합물을 생산해 냈다.

효소는 또한 현재 석유에서 얻을 수 있는 많은 시약과 화학물질을 제공하는 데 중요한 역할을 할 것이다. 예를 들어, 나일론의 합성에 필요한 핵심 성분인 아디프산(adipic acid)이 매년 550만 톤 생산되어야 할 필요가 있다. 전통적인 원료는 석유였지만, 종래의 석유 생산은 향후 20년 동안 50% 이상 감소할 것으로 예상되고 있고, 프래킹(fracking, 수압파쇄법)이 장기적인 해결책은 아니다. 이러한 중요한 화학물질을 대체 자원에서 생산하는 데 있어서 효소가 매우 중요한 역할을 할 것이다.

효소에는 몇 가지 특이한 용도가 있다. 예를 들어, 효소가 배터리의 구성 요소로 고려되고 있다. 이 아이디어는 효소를 전극에 부착하고, 글루코스를 연료로 사용하는 것이다. 효소는 글루코스의 산화를 촉매 작용 하여 전자를 생성하고, 이 전자는 전극으로 전달된다. 이러한 배터리는 결국 휴대폰, 심박조율기 및 기타 소형 장치에 전원을 공급할 수 있을 것으로 예측된다.

다른 종류의 단백질에 대한 잠재적인 응용이 있다. 예를 들어, 레프렉틴(reflectin)이라고 부르는 단백질은 오징어, 문어, 그리고 갑오징어가 자신을 위장하는 방법에 상당히 관여한다. 만약 그 단백질이 인산화되면, 이는 이리도포어(iridophores)라고 불리는 세포가 빛을 반사해서 그 유기체가 주변을 비추게 만든다. 연구자들은 새로운 위장(camouflage) 물질을 설계하기 위해 비슷한 프로세스를 이용하는 것을 고려하고 있다. 이 기술에 기초한 물질이 열을 반사할 수 있는지를 보기 위해 다른 실험들이 수행되고 있다. 성공한다면 재킷이 따뜻한 날에는 시원하고 추운 날에는 따뜻할 수 있는, 환경으로 방출되는 열량을 조절하는 스마트 의류가 설계될 수 있다.

몇몇 과학 팀들은 유기체가 극한 조건에서 생존할 수 있도록 하는 단백질을 연구해 왔다. 예를 들어, 알래스카 딱정벌레의 유충은 −100℃ 정도의 낮은 온도에서도 생존할 수 있다. 몇몇 단백질이 세포 내부에서 얼음 결정이 형성되는 것을 방지하는 천연 부동액 역할을 할 수 있다는 것이 밝혀졌다. 그 단백질 구조는 얼음의 미세 결정을 '걸레질(mop up)' 하여 더 이상 크게 자라는 것을 방지하는 것으로 보인다. 이러한 방식으로 행동하는 단백질의 잠재적인 상업적 용도가 있다. 실제로, 동결방지 단백질은 형성되는 얼음 결정의 크기를 제한하기 때문에 이미 아이스크림에 사용되고 있다. 이것은 부드러운 질감을 만들고 지방 함량을 낮춰준다.

DNA 응용에 대해서도 많은 연구가 진행되고 있다. 예를 들어, DNA는 데이터 저장 시스템으로서 고려되고 있다. DNA에는 단지 4개의 '글자' 만 있지만, 이진법을 사용하여 정보를 저장할 수 있으며, 과학자들은 마틴 루터(Martin Luther)의 연설 '나는 꿈이 있습니다'를 DNA 시스템에 저장함으로써 이를 입증했다. 또한 합성 염기 쌍을 포함시킴으로써 DNA 분자에 포함된 '글자'의 수를 늘릴 수도 있었다. 예를 들어, d5SICS와 dNAM이라는 합성 염기는 소수성 상호작용을 통해 DNA에 염기 쌍을 이룰 수 있도록 설계되었다. DNA는 실제로 놀랍도록 안정한 분자이며, 수백만 년 된 남극 얼음 코어로부터 박테리아 DNA가 회수된 바 있다.

그 외 DNA의 상업적인 용도로는 수중의 금속, 유독 가스, 음식 부패, 그리고 에볼라(Evola)의 원인이 되는 바이러스를 식별할 수 있는 많은 진단 장치가 포함된다. DNA의 또 다른 가능한 용도는 폴리머 합성을 위한 주형(template)이다. 실험은 DNA가 폴리머에 필요한 모노머를 운반하는 분자 어댑터에 결합할 수 있다는 것을 보여주었다. 일단 어댑터가 DNA 주형에 결합되면, 중합이 진행되고 폴리머가 방출된다. 이 방법은 이미 폴리에틸렌 글리콜(polyethylene glycol)을 합성하는 데 이용되었다.

청어 정자(herring sperm)의 DNA가 난연제로 사용될 가능성이 있는 것으로 밝혀졌다. DNA가 불에 의해 분해되면 암모니아가 생성되어 산소가 불길에 연료를 공급하는 것을 막아준다. 난연제 산업은 거대한 사업이다. 그러나 많은 기존의 난연제는 환경에 유해한 할로겐화 분자이며, 동물과 인간 모두에게 독성이 있다. 만약 DNA가 난연제로 효과적임이 입증되면, 풍부하고, 자연에 존재하며, 생분해 되는 장점을 갖게 될 것이다.

리튬 금속 양극과 탄소-황 음극으로 구성된 리튬-황 전지 개발에도 DNA가 잠재력을 갖고 있다. 전지가 활성화되면, 양극에서 리튬 이온이 방출되고 음극에서 황과 반응하여 다황화물을 생성한다. 전지를 재충전하면 반응이 역으로 진행된다. 그러나 전지가 작동하면 음극에서 황 일부가 손실되고, 이는 성능 저하로 이어질 것이다. DNA의 핵산염기와 인산기는 황과 강한 친화력을 가지고 있어, 음극을 DNA로 코팅하면 전해질 쪽으로 황이 손실되는 것을 방지할 수 있을 것으로 생각된다.

의약품 및 의약화학

Pharmaceuticals and medicinal chemistry

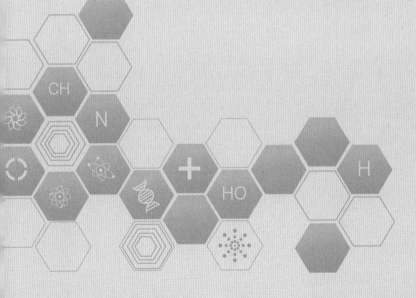

유기화학의 가장 중요한 응용 분야 중 하나는 의약화학(medicinal chemistry)이라고 정의되는 주제인 의약품의 설계와 합성이다. 이것은 비교적 새로운 과학 분야이다. 1960년대 이전에는 의약품의 발견은 그야말로 복불복 사건이었다. 수천 개의 유기화합물이 약리적 활성을 가질 것으로 기대되어 실험실에서 제조되거나 천연물에서 추출되었다. 성공은 설계보다는 운이 더 큰 몫을 했다. 1960년대 이후, 약물이 어떻게 작용하며, 그것이 상호작용하는 목표물에 대해 훨씬 더 잘 이해하게 되었다. 생물학, 유전학, 화학, 및 컴퓨팅의 발전으로 시행착오에 의존하지 않고 신약을 설계할 수 있게 되었다. 의약품 설계와 합성에 모두 전문가인 의약 화학자는 제약업계의 핵심 역할을 담당한다. 이 두 가지 기술은 매우 밀접하게 연관되어 있다. 예를 들어, 합성이 불가능한 약물을 설계하는 것은 의미가 없다. 마찬가지로 활성 약물일 가능성이 거의 없다면 수천 개의 새로운 화합물을 만드는 것은 낭비이다.

개척자(패스파인더) 시대(The pathfinder years)

과거에 우리 사회는 병을 치료하기 위해 천연의 허브나 추출물에 의존했다. 대부분의 고대 치료법들이 유익한 효과가 거의 없기 때문에, 강력한 플라시보 효과가 관련되어 있었다는 것은 의심할 여지가 없다. 그러나 일부 이들의 혼합제제는 효과가 있다. 그 예로는 다양한 아편 제제의 진정 효과, 그리고 코카 잎을 씹음으로써 – 이는 여전히 일부 남미 지역사회에서 흔한 습관의 하나 – 얻는 신체적, 심리적 효과가 있다. 버드나무 껍질의 추출물은 수세기 동안 열, 통증, 그리고 염증을 감소시키는 것으로 알려져 왔다.

19세기에, 화학자들은 알려진 허브와 추출물에서 화학 성분을 분리했다. 그들의 목적은 추출물의 약리작용을 담당하는 단일 화학물질, 즉 유효성분(active principle)을 규명하는 것이었다. 예를 들어, 모르핀은 아편의 진정작용을 담당하는 유효성분이고, 코카인(cocaine)은 코카 잎에 존재하는 유효성분이다. 버드나무 껍질의 유효성분은 살리실산(salicylic acid)이다. 19세기에 분리된 다른 유효성분으로는 퀴닌(quinine), 카페인(caffeine), 아트로핀(atropine), 피소스티그민(physostigmine), 그리고 테오필린(theophylline)이 있다. 퀴닌은 말라리아 치료에 효과가 있어서 특히 중요했다. 카페인과 테오필린은 음료수에 들어 있는 각성제이다. 아트로핀은 심혈관 약과 농약 중독의 해독제로 사용되었고, 피소스티그민은 녹내장(glaucoma) 치료에 사용될 수 있다.

그리 오래지 않아, 화학자들은 유효성분의 유사체(analogues)를 합성했다. 유사체는 원래의 유효성분으로부터 약간 변형된 구조이다. 이러한 변형은 종종 활성을 개선하거나 부작용을 줄일 수 있다. 이것은 추가 연구의 출발점이 될 수 있는 유용한 약리활성을 가진 화합물, 즉 선도 화합물(lead compound)의 개념으로 이어졌다. 19세기 말에서 20세기 초에 걸쳐 일반 마취제(general anaesthetics), 국소 마취제(local anaesthetics), 그리고 신경안정제(barbiturates, 바비튜레이트)의 발견으로 이어진 완전-합성 화합물의 약리활성에 대해서도 연구되었다.

20세기 전반기에 효과적인 항미생물제제(antimicrobial agents)의 발견이 절정에 달했다. 세기 초에 폴 에를리히(Paul Ehrlich)는 매독에 효과적인 것으로 입증된 비소-함유 약물을 개발하였고, 1920년대에는 초기 항말라리아제가 발견되었다. 설폰아마이드(sulphonamide)가 1930년대에 발견되었지만, 가장 중요한 진보는 1940년대에 소개된 페니실린(penicillin)이었다. 원래의 페니실린은 곰팡이에서 분리되었고, 이는 전후 여러 해 동안에, 곰팡이 배양에 대한 엄청난 전세계적인 연구를 촉발했고, 오늘날 의학에 사용되는 많은 항생제의 규명으로 이어졌다. 20세기 중반은 항균 연구의 황금기였고, 의학의 가장 중요한 발전 중 하나로 기록되었다. 항생제 혁명 이전에는, 단순한 상처로도 생명이 위협받을 수 있었고, 오늘날 일상적으로 수행되는 많은 수술은 완전히 비실용적이었다.

합리적인 의약품 설계의 발전
(The development of rational drug design)

1960년대는 합리적인 약물 설계의 태동으로 바라볼 수 있다. 이 기간 동안 항궤양제, 항천식제, 및 고혈압 치료에 효과적인 베타-차단제의 설계에 중요한 발전이 있었다. 이 중 많은 부분은 어떻게 약물이 분자 수준에서 작용하는지를 이해하려는 시도와, 왜 일부 화합물은 활성이고 일부는 활성이 없는지에 대한 이론을 제안하는 데 기반을 두고 있었다.

그러나 생물학과 화학의 발전으로 인해 금세기 말에 이르기까지 합리적인 약물 설계가 크게 활성화되었다. 인간 게놈(genome)의 해독(시퀀싱, sequencing)은 잠재적인 약물 표적이 될 수 있는, 이전에 알려지지 않은 단백질의 확인으로 이어졌다. 예를 들어, 키나아제(kinase) 효소는 최근 새로운 항암제의 중요한 표적임이 입증되었다. 이 효소들은 인산화 반응을 촉매작용하고 세포 성장과 분열을 조절하는 데 중요한 역할을 한다. 유사하게, 바이러스 게놈의 시퀀싱은 새로운 항바이러스제의 새로운 표적이 될 수 있는 바이러스-특이적 단백질의 확인으로 이어졌다. 자동화된 소규모 테스트 방법(고처리량 스크리닝, high-throughput screening)의 발전은 또한 잠재적인 약물의 신속한 테스트를 가능하게 했다.

화학에서는, X-선 결정학과 NMR 분광학이 발전함으로써 과학자들이 약물의 구조와 작용 메커니즘을 연구할 수 있게 되었다. 강력한 분자 모델링 소프트웨어 패키지가 개발되어 연구자들은 약물이 단백질 결합 부위에 어떻게 결합하는지를 연구할 수 있었다. 새로운 합성 방법은 화학자들이 새로운 화합물을 만드는 능력을 향상시켰다. 또한 자동화된 합성 방법의 개발은 특정 기간에 합성할 수 있는 화합물의 수를 엄청나게 증가시켰다. 이제 회사는 보관하고 약리학적 활성을 테스트할 수천 개의 화합물을 생산할 수 있다. 이와 같은 스토어는 케미컬 라이브러리(chemical library)라고 불렸고, 특정 단백질 표적과 결합할 수 있는 화합물을 식별하기 위해 일상적으로 테스트된다. 이들 발전은 지난 20여 년 동안 의학의 거의 모든 분야에서 의약화학 연구를 촉진시켰다.

또한 의약품 연구를 다루는 방식에도 큰 변화가 있었다. 20세기 대부분의 기간 동안 의약품 연구는 유용한 약리학적 활성을 갖는 선도 화합물의 발견에 의존했다. 그 다음 향상된 화합물을 찾기 위한 노력으로 수천 개의 유사체가 합성되었다. 수년 후 그 분자 표적이 발견되면, 이들 시약에 의해 영향을 받는 생물학적 메커니즘을 더 잘 이해할 수 있었다. 이와 같은 접근법으로 어떤 선도 화합물이 발견되었든 간에 진전이 이루어져 왔다.

오늘날, 대부분의 연구 프로젝트는 효소나 수용체와 같은 잠재적인 약물 표적을 선택하는 것으로 시작된다. 그 다음 단백질 표적과 상호작용하는 선도 화합물이 탐색된다. 물론 약리학적으로 활성인 화합물의 우연한 발견에 의해 결정되는 연구 프로젝트도 여전히 존재하지만, 새로운 약물 디자인을 향한 과학적 접근은 현재 〈그림 54〉에 나타낸 경로를 따른다. 여기서 유기화학 지식이 필요한 단계는 볼드체 글씨로 강조되어 있다.

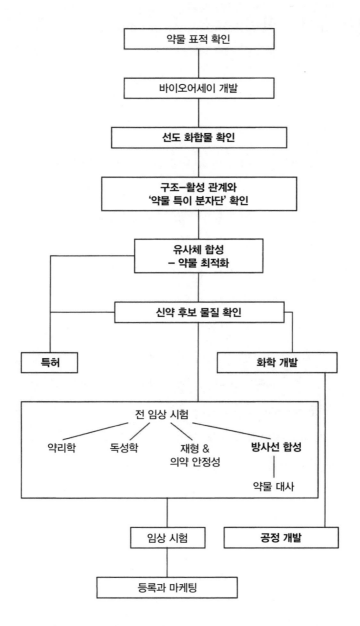

〈그림 54〉 의약품 개발의 전형적인 접근법.

약물 표적의 확인(Identification of a drug target)

약물은 채내에서 단백질 및 핵산과 같은 분자 표적과 상호작용한다. 그러나 임상적으로 유용한 약물의 거의 대부분은 단백질, 특히 수용체(receptors), 효소, 그리고 수송단백질(transport protein)과 상호작용한다(제4장).

약물은 천연 메신저와 같은 방식으로 수용체를 활성화하도록 설계될 수 있다. 이와 같은 약물을 작용제(agonist)라고 부른다. 대안적으로, 수용체를 활성화하지 않고 차단하도록 약물을 설계할 수 있다. 이러한 약물을 길항제(antagonist)라고 한다. 수용체 길항제의 예로는 베타−차단제 프로프라놀올(propranolol), 그리고 항궤양제인 시메티딘(cimetidine)과 라니티딘(ranitidine)이 있다. 수용체 작용제의 예로는 항천식제인 살부타몰(salbutamol)과 진통제 모르핀(morphine)이 있다.

효소도 중요한 약물 표적이다. 활성 부위에 결합하여 효소의 촉매 작용을 막는 약물은 효소억제제(enzyme inhibitor)로 알려져 있다. 효소억제제의 예로는 항−HIV 약물 사퀴나비르(saquinavir), 그리고 항고혈압제 캡토프릴(captopril)이 있다. 효소는 세포 내에 존재하기 때문에 효소 억제제가 그곳에 도달하기 위해 세포막을 통과해야 하는데, 이는 약물 디자인에 있어 중요하게 고려해야 할 문제이다. 만약 세포막을 통과하지 못한다면 가능성 있는 어떤 효소억제제도 설계할 이유가 없다.

수송 단백질은 치료적으로 중요한 많은 약물들의 표적이다. 예를 들어, 선택적 세로토닌(serotonin) 재흡수 억제제로 알려져 있는 일군의 항우울제는 세로토닌이 수송 단백질에 의해 신경세포로 수송되는 것을 억제한다. 그 결과 세로토닌 수치가 증가하고 가시적인 항우울 효과를 만들어낸다.

의약품 시험 및 바이오어세이(Drug testing and bioassays)

바이오어세이(생물학적 검증)는 약물이 어떤 단백질 표적과 상호작용 하는지를 확인하기 위해 사용되는 검사이다. 생체외(*In vitro*) 테스트는 표적 분자 또는 세포 배양체에 대해 수행된다. 예를 들어, 효소 억제제는 시험관에 있는 정제된 효소에 대해 검사하여 효소가 특정 반응에 촉매작용 하는 것을 막는지 여부를 확인할 수 있다. 생체외 테스트는 자동화되어 매우 짧은 시간 내에 수천 개의 화합물을 빠르게 검사할 수 있다. 이것은 고처리량 스크리닝으로 알려져 있다. 이러한 검사는 약물이 분자 표적과 상호작용하여 특정한 약리학적 효과를 내는지 확인하는 데 이상적이다. 약물이 그 표적에 결합하고 관련 효과를 내는 능력은 약물역학(pharmacodynamics)으로 알려져 있다.

생체내(*In vivo*) 바이오어세이는 살아 있는 유기체에 대해 시행되며, 생체외(*In vitro*) 테스트를 보완한다. 생체내 테스트는 약물이 진통 또는 혈압 강하와 같은 생리학적 효과를 내는지 여부를 입증한다. 생체내 테스트는 또한 약물이 유기체에 투여되었을 때 그 분자 표적에 도달하는지 여부를 입증한다. 약물이 목표에 도달하는 능력에 영향을 미치는 여러 인자들은 약물동력학(pharmacokinetics)으로 알려져 있다.

주요 약물동력학적 인자는 흡수(absorption), 분포(distribution), 대사(metabolism), 그리고 배설(excretion)이다. 흡수는 경구 투여된 약물이 소화 효소에서 얼마나 살아남아 위장벽을 통과하여 혈류에 도달하는지에 관련이 있다. 일단 혈류내로 유입된 약물은 간으로 운반되어 대사 효소

에 의해 일정 비율이 대사된다. 이것은 초회−통과 효과(first-pass effect)
라고 알려져 있다. 그 다음 '생존자'들은 혈액 공급에 의해 몸 전체에 분
포되지만, 이는 균일하지 않은 과정이다. 혈관이 가장 풍부하게 공급되
는 조직과 장기에 약물이 가장 많이 분포된다. 일부 약물은 '함정'에 빠
지거나 옆으로 탈선할 수 있다. 예를 들어, 지방질의(fatty) 약물은 지방
조직에 흡수되어 목표에 도달하지 못하는 경향이 있다. 신장(kidneys)은
약물과 그 대사산물의 배출을 주로 담당한다. 신장은 극성(polar) 분자
를 배출하는 데 특히 효과적이다.

생체내 테스트는 때때로 생체외 테스트로 가려내지 못하는 예기치
않은 활성을 식별할 수 있다. 예를 들어, 염료 프론토실(prontosil)은 생
체내 항균 활성을 갖는 것으로 나타났지만, 생체외 테스트에서는 비활
성으로 판명되었다. 이것은 프론토실 자체는 비활성이지만, 체내에서
활성의 설폰아마이드(sulphonamide)로 대사되기 때문이다. 이와 같은 방
식으로 작용하는 화합물은 전구약물(prodrug)로 알려져 있다.

마지막으로 생체내 테스트는 생체외 테스트에서 관찰할 수 없는 부
작용을 감지할 수 있다. 이는 때때로 그 약에 관한 예상치 못한 응용을
암시한다. 예를 들어, 발기부전 약물인 실데나필(sildenafil)은 원래 항고
혈압제로 테스트 되었지만, 초기 임상시험 중에 단지 그 발기부전 치료
효과만 확인되었다.

선도 화합물의 확인(Identification of lead compounds)

선도 화합물은 원하는 분자 표적에 결합할 수 있는 하나의 화학구조이다. 이것은 특별히 강하게 결합하지 않을 수도 있고 특별히 활성이 없을 수도 있지만, 원하는 표적에 결합한다는 것은 앞으로 더 연구할 수 있는 출발점이 될 수 있음을 의미한다. 다음으로 의약 화학자는 더 강하게 결합하고 더 나은 활성과 선택성을 갖는 유사체를 찾아내기 위해 그 구조를 '비틀'(tweak) 수 있다.

선도 화합물은 자연계와 실험실에서 모두 얻어진다. 역사적으로 자연계는 새로운 선도 화합물의 풍부한 공급원이었고 오늘날에도 여전히 그렇다. 그러나 그들을 찾는 것은 대개 느린 과정이고, 더욱이 성공의 보장은 없다. 오늘날에는 합성이나 합리적인 설계에 의해 선도 화합물을 발굴하는 것이 훨씬 더 강조되고 있다.

구조-활성 관계 및 약물특이분자단
(Structure-activity relationships and pharmocophores)

선도 화합물을 확인한 후에는 화합물의 어떤 특징이 활성에 중요한지 입증하는 것이 중요하다. 나아가 이것은 그 화합물이 분자 표적에 어떻게 결합하는지 더 잘 이해할 수 있도록 해준다.

대부분의 약물은 단백질과 같은 분자 표적보다 상당히 작다. 이는 약물이 단백질의 아주 작은 영역, 즉 결합 부위(binding site)로 알려진 영역에 결합한다는 것을 의미한다(그림 49). 이 결합 부위 내에는 반데르발스 상호작용, 수소결합 및 이온 상호작용과 같은 다양한 유형의 분자간 상호작용을 형성할 수 있는 결합 영역이 있다. 만약 약물이 이러한 결합 영역과 상호작용할 수 있는 작용기 및 치환기를 갖고 있으면, 바로 결합이 이루어질 수 있다.

선도 화합물은 분자간 상호작용을 형성할 수 있는 여러 그룹을 가질 수 있지만, 이들 모두가 반드시 필요한 것은 아니다. 중요 결합그룹을 식별하는 한 가지 방법은 결합 부위에 결합된 약물과 함께 표적 단백질을 결정화하는 것이다. 그 다음, X-선 결정학은 결합 상호작용을 확인할 수 있도록 해 주는 복합체의 사진을 만들어낸다. 그러나 표적 단백질이 항상 결정화될 수 있는 것은 아니므로 다른 접근법이 필요하다. 이것은 어떤 그룹이 수식되거나 제거된 선도 화합물의 유사체를 합성하는 것이다. 각 유사체와 선도 화합물의 활성을 비교하면 특정 그룹이 중요한지 아닌지를 결정할 수 있다. 이것은 SAR 연구로 알려져 있으며, 여기서 SAR은 구조-활성 관계(structure-activity relationships)를 의미한다.

일단 중요 결합그룹이 확인되면, 선도 화합물에 대한 약물특이분자
단(pharmacophore)이 정의될 수 있다. 이것은 분자내 중요 결합그룹과
그들의 상대적인 위치를 지정한다. 약물특이분자단(또는 약물작용발생
단)은 선도 화합물 구조상의 결합그룹들을 강조함으로써 표시될 수 있
다. 예를 들어, 에스트라디올(estradiol)에 대한 약물특이분자단은 페놀
그룹, 방향족 고리, 그리고 알코올 그룹의 세 가지 작용기로 구성된다(
그림 55). 테트라사이클릭(tetracyclic) 구조의 나머지는, 중요 결합그룹이
표적의 결합 부위와 동시에 상호 작용하도록, 그들을 정확한 위치에 고
정시키는 단단한 지지대 역할을 한다.

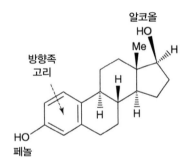

〈그림 55〉 에스트라디올의 약물특이분자단.

에스트라디올과 같은 딱딱한 분자의 약물특이분자단을 확인하는 것
은 비교적 간단하지만, 유연한 화합물의 경우는 약물이 서로 다른 형태
로(conformation) 존재할 수 있기 때문에 중요 결합그룹의 상대적 위치를
지정하기가 어렵다. 예를 들어, 도파민(dopamine)의 (뇌의 중요한 신경전
달물질) 결합그룹은 두 개 페놀 그룹, 방향족 고리, 그리고 하전된 아민
그룹이다(그림 56). 페놀 그룹과 방향족 고리의 상대적인 위치는, 이들

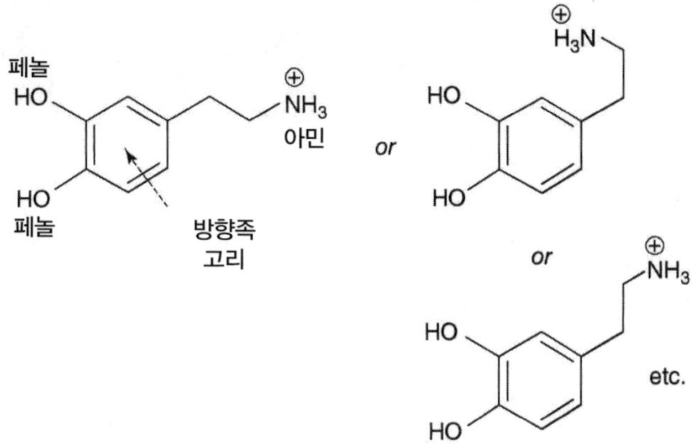

〈그림 56〉 도파민의 서로 다른 분자형태(conformation).

이 분자의 강직한 부분이기 때문에 지정하기 쉽지만, 하전된 아민의 위치는 정의할 수 없다. 이것은 측쇄의 결합이 회전하여 수많은 가능한 형태를 만들 수 있기 때문이다. 결합 부위에 가장 효과적으로 결합하는 형태는 하나의 특정한 방향으로 위치한 하전된 아민그룹을 갖게 될 것이고, 이것은 활성 형태(active conformation)로 알려져 있다. 다른 형태들은 덜 효과적으로 결합할 것이다.

유연한 선도 화합물의 활성 형태를 확인하는 한 가지 방법은 결합그룹이 정확한 위치에 고정된 딱딱한 유사체를 합성하는 것이다. 이는 견고화(rigidification) 또는 형태 제한(conformational restriction)으로 알려져 있다. 그러면 이 약물특이분자단은 가장 높은 활성의 유사체로 묘사될 것이다. 예를 들어, 〈그림 57〉에 도시된 구조는 그들 구조 내에 갇힌 도파민의 특정 형태를 갖는 도파민의 딱딱한 유사체이다. 굵게 표시된 결합은 도파민에 존재하는 3개의 탄소 사슬을 강조한다. 이러한 유사체 가운데 하나가 다른 것들보다 훨씬 더 활성이 큰 것으로 판명되면,

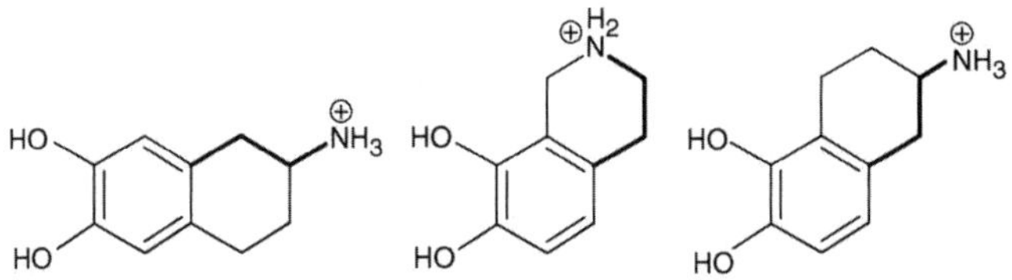

〈그림 57〉 도파민의 강직한 유사체 분자.

그것은 활성 형태와 약물특이분자단를 정의하는 데 사용될 수 있다.

회전 가능한 결합이 많으면 약물 활성에 악영향을 미칠 가능성이 높다. 유연한 분자는 수많은 다른 형태를 취할 수 있고, 이들 가운데 단하나의 형태만이 활성 형태에 해당하기 때문이다. 분자가 비활성 형태로 결합 부위에 들어가면, 결합하지 않고 다시 이탈할 것이다. 실제로 유연한 분자는 결합을 위해 정확한 활성 형태를 취하기 전에 결합 부위를 여러 번 드나들어야 할 수도 있다. 이에 반해, 필요한 약물특이분자단을 함유한 완전히 강직한 분자는 결합 부위에 들어오자마자 바로 결합하고, 더 큰 활성을 나타낼 것이다.

의약품 설계 및 최적화(Drug design and drug optimization)

약물 최적화는 향상된 활성, 선택성, 약물동력학을 갖는 구조를 찾기 위해 그 선도 화합물의 유사체를 설계하고 합성하는 것을 포함한다. 표적 단백질에 결합된 선도 화합물의 결정구조는 이 탐구, 즉 구조-기반 약물 설계 과정에서 큰 도움이 되겠지만, 표적 단백질을 결정화하는 것이 항상 가능한 것은 아니다. 다행히도 어떤 유사체가 합성할 가치가 있는지를 의약 화학자가 결정하는 데 있어 도움이 될 수 있는 여러 가지 잘 정립된 설계 전략이 있다. 선도 화합물의 활성 형태를 모방한 단단한 유사체를 설계하는 전략에 대해서는 이미 언급된 바 있다. 또 다른 전략은 구조에 여분의 그룹을 추가하는 것인데, 이는 선도 화합물에 의해 점유되지 않는 결합 부위의 일부분과 추가적인 결합 상호작용이 일어나게 만들 것이다.

체내에서 목표물에 도달할 수 있도록 하는 약의 약물동력학적 물성을 최적화하는 것도 중요하다. 이 전략은 흡수를 향상시키기 위해 약물의 친수성/소수성 특성을 바꾸거나, 분자의 특정 부분에 대사를 차단하는 치환기를 추가하는 것을 포함한다.

의약품 후보물질 및 특허(Drug candidates and patenting)

약물의 최적화 과정이 많은 화합물들을 만들어 내지만, 이 가운데 몇 가지가 전임상 시험과 임상 시험의 약물 후보로 고려될 수 있다. 어떤 것을 다음단계로 가져갈지 결정하는 데는 몇 가지 인자가 관여한다. 약물 후보는 부작용을 최소화하면서 유용한 활성과 선택성을 가져야 한다. 약동력학적 특성이 좋고, 독성이 없어야 하며, 환자가 복용할 수 있는 다른 약물과 가급적 상호작용이 없어야 한다. 마지막으로 최대의 이익을 창출하기 위해 가능한 저렴하게 합성할 수 있어야 한다. 따라서 유사한 활성을 가진 두 화합물 사이에 선택의 여지가 있다면, 어떤 것을 더 저렴하게 합성할 수 있는지를 확인함으로써 그 선택이 잘 결정될 수 있다.

일단 유망해 보이는 의약품이 확인되면, 독점적으로 마케팅을 할 수 있도록 특허를 받아야 한다. 특허는 의약품 개발 과정에서 비교적 조기에 이루어지기 때문에, 전임상과 임상시험을 수행하는 데 걸리는 시간 때문에 몇 년의 특허 기간이 손실된다.

개발도상국 사람들의 대다수가 의약품을 살 여유가 없기 때문에 의약품에 특허를 내는 것은 윤리적인 딜레마를 야기할 수 있다. 이 문제를 해결하기 위해 세계무역기구(WTO)의 TRIPS(지적재산권의 무역 관련 협정) 합의는 개발도상국 정부들이 잠재적으로 생명을 구할 수 있는 의약품의 제조에 대한 강제적인 허가를 주는 것을 허용한다. 이것은 어떤 국가가 특허 규정을 우회하고 자국 시민들을 위해 긴급하게 필요한 의약품을 생산하도록 허용한다. 불행하게도, 일부 국가들은 생명-위협 조건이라는 그 정의를 확대하였다. 예를 들어, 2012년 인도는 생명을 구하는 것이 아니라 생명을 연장하는 것으로 간주되는 항암제인 소라페닙(sorafenib)에 강제 라이선스를 부여했다. 이는 제약사들이 암이나 열대 질환과 같은 치료 분야에서 의약품 개발을 중단할 수도 있다는 우려를 낳았다.

화학 및 공정 개발(Chemical and process development)

    일단 후보 약물이 확인되면, 전임상 시험과 임상 시험에 필요한 양의 약물을 충분히 공급할 수 있는 대규모 합성을 개발하는 작업이 시작된다. 이 과정은 화학 개발(chemical development)로 알려져 있다. 개발 화학자는 가능한 한 빨리 대량의 약물을 생산해내고, 한편 각 배치에서 생산하는 제품의 품질은 유지해야 하므로 그 역할은 매우 까다롭다. 이것은 전임상 시험과 임상 시험이 일정한 순도를 가진 배치를 대상으로 진행되어야 하기 때문에 매우 중요하다. 그렇지 않으면 테스트가 동일하게 비교되지 않는다. 화학 개발의 공정은 단순히 원래 합성을 스케일업(scale-up) 하는 것 이상이다. 반응 수율을 최적화하기 위해 반응을 수정하거나 전체적으로 변경해야 할 수도 있다. 실제로 최종 생산 합성은 원래의 연구 합성과 완전히 다를 수 있다.

전임상 시험 및 제형(Preclinical trials and formulation)

전임상 시험은 약물 후보의 선택성, 독성, 및 가능한 부작용을 테스트하는 것을 포함한다. 이 작업의 대부분은 독성학자, 약리학자 및 생화학자에 의해 수행된다. 그러나 ^{14}C와 같은 방사성 동위원소를 포함하는 약물의 샘플을 합성하기 위해 유기화학자가 필요하다. 이러한 방사성-표지 화합물은 생체내 테스트 중 약물의 분포와 대사를 모니터링하는 데 사용된다.

제형에는 알약이나 캡슐과 같이, 약물을 가장 잘 보관하고 투여하는 방법을 식별하는 약사와 제약 화학자가 관여한다.

임상 시험 및 규제 업무(Clinical trials and regulatory affairs)

임상시험은 임상의(clinician)의 영역이다. 임상시험에는 4개 단계 (phase)가 있다. 1단계는 소수의 건강한 지원자가 참여하고, 반면 그 이후의 단계는 환자가 참여한다. 임상 시험은 의약품을 시장에 출시하는 과정에서 가장 비용과 시간이 많이 드는 부분이며, 많은 의약품이 이 과정에서 실패한다. 효과가 충분하지 않거나, 수용할 수 없는 부작용을 일으키기 때문일 수 있다.

미국 식품의약국(FDA)과 유럽 의약품 평가청(European Agency for the Evaluation of Medical Products)과 같은 규제 기관은 이 과정을 모니터링 하며, 최종적으로 의약품이 시판되기 전에 승인을 해야 한다.

미래(The future)

1980년대 이후, 한때 치료가 불가능하다고 여겨졌던 질병을 치료하는 데 상당한 진전이 있었다. 예를 들어, HIV(인간 면역 결핍 바이러스)를 치료할 필요성에 영감을 받아 효과적인 항바이러스제를 설계하는 데 괄목할 만한 진전이 있었다. 또한 다양한 암을 치료하는 데도 상당한 진전이 있었다. 이 관점에서 키나아제 억제제(kinase inhibitors)라는 부류의 약물 개발은 특히 중요했다. 그러나 여전히 해결하기 어려운 것으로 판명된 질병도 있다. 알츠하이머나 파킨슨병에 대한 치료법은 없으며, 이러한 질병에 대한 치료법을 찾는 것은 미래에 큰 도전 과제이다. 알츠하이머병 치료를 위한 임상시험에 도달한 대부분의 약물은 실패했다. 2002년부터 2012년 사이에, 414개의 임상시험에서 244개의 새로운 화합물을 테스트했지만 승인을 받은 약물은 1개에 불과했다. 이것은 항암 약물에 대한 실패율 81%에 비해 99.6%의 실패율을 나타낸다.

약물에 내성이 있는 박테리아 균주의 증가는 또 다른 우려이다. 몇몇 박테리아 균주는(황색포도상구균, *Staphylococcus aureus*와 같은) 상대적으로 높은 돌연변이율로 인해 항균제에 대한 내성을 얻는다. 예를 들어, 1960년대에, 초기 페니실린에 내성을 얻은 *S. aureus* 균주가 나타났다. 이 위기는 이러한 균주들과 싸울 수 있는 메티실린(methicillin)이라고 불리는 새로운 페니실린을 설계함으로써 피할 수 있었다. 그러나 현재 메티실린에 내성이 있는 추가적인 균주가(MRSA 또는 메티실린-저항 *S. aureus*)

생겨났다. 다른 문제의 감염으로는 다약제−내성 결핵(multidrug-resistant tuberculosis)과 이.패칼리스(*E.faecalis*)가 있다. 그러므로 새로운 항균제를 찾는 것을 계속하는 것이 중요하다.

새로운 항균제를 찾기 위한 몇 가지 접근법이 연구되고 있다. 예를 들어, 제약회사 글락소스미스클라인(GlaxoSmithKline)은 현재 폴리펩타이드 탈포르밀효소(deformylase)라는 박테리아 효소를 억제하는 화합물을 연구하고 있다. 또한 연구가, 넓고 다양한 감염을 치료하는 새로운 광범위 항균제를 찾는 것에서 벗어나, 특정 감염을 표적으로 하는 약물을 설계하는 쪽으로 전향되어야 한다고 제안되었다. 이것은 넓은 스펙트럼의 약물이 약물 내성에 더 취약하다는 것이 입증되었기 때문이다. 조합(combination)에 포함된 모든 약물에 대해 약물 내성이 발생할 가능성은 거의 없기 때문에, 서로 다른 표적에 작용하는 여러 '좁은−스펙트럼'의 약물을 조합하는 치료법이 효과적일 수 있다.

불행하게도, 최근 수십 년간의 추세는 상대적으로 낮은 신약 획득 성공률로 인해 항균 연구를 축소하는 것이었다. 더욱이 기발견된 새로운 약은 내성 발생의 가능성을 줄이기 위해 예비 리스트에 포함될 가능성이 높다. 결과적으로, 제약 산업은 신약을 설계하는 데 필요한 막대한 연구 투자를 위한 상당한 재정적 수익을 얻지 못할 것으로 보인다. 다양한 국가 및 세계 기관에서 그 위험성을 인지하고 지금 더 많은 연구가 필요하다고 경고하고 있다. 2014년 4월, 세계보건기구(WHO)는, 박테리아 감염이 언젠가 다시 또 치료 불가능하게 되고 심지어 아주 사소한 부상도 잠재적으로 치명적일 수 있는 포스트−항생제(post-antibiotic) 시대로 세계가 진입하는 것을 막기 위해, 글로벌한 규모의 긴급하고 협력적인 조치가 필요하다고 선언했다.

항균제 내성은 이제 기후 변화만큼이나 문명에 심각한 위협을 가하는, 글로벌한 크기의 시한폭탄으로 간주된다. 이러한 위협을 해결하기 위해서는 정부, 제약 회사 및 학술 기관 간의 긴밀하고도 자금이 지원되는 협력이 필요할 것이다. 다행히도 정부들은 이제 이 위협을 인식하고 협력 연구를 장려하기 위한 새로운 이니셔티브를 도입했다.

수의약품(Veterinary drugs)

　인간의 의약품을 설계하는 데 사용되는 똑같은 전략이 수의약품 개발에 적용된다. 수의약품은 인간의 의약품과 다른 경우가 많은데 이는 동물의 생화학적, 대사적 체계가 다르기 때문이다. 인간에게는 안전한 화합물이 동물에게는 독성이 있을 수 있다. 예를 들어, 테오브로민(theobromine)은 개에게 독성이 있는 초콜릿의 구성 성분인데 인간에게는 안전하다. '도기 초콜릿(doggy chocolates)'은 테오브로민이 포함되지 않도록 특별히 제조되어야 한다.

　어떤 특정 질병에 대해 동물 종에 따라 다른 약이 필요할 수도 있다. 또한 농장 동물을 위한 약의 경우는 미량의 약이 우리가 먹는 식품으로 들어올 수 있기 때문에 더욱 복잡해진다. 그러므로 농부가 약물 치료를 받은 동물을 도축하거나 젖을 짜기 전에 얼마 동안 기다려야 하는지에 대한 규정이 있다. 2013년 일부 유럽 육류 제품에 포함된 말고기는 육류에 미량의 수의약물이 남아 있을 수 있다는 가능성이 제기됐기 때문에 우려가 되었다. 예를 들어, 페닐부타존(phenylbutazone)은 말에 사용되는 항염증제이지만, 사람에게는 부작용을 일으킨다.

　수의약으로 항균제를 사용하는 것은 항균제 내성이 만연하는 것을 증가시킬 수 있기 때문에 이 또한 염려되는 부분이다. 그렇기 때문에 인체의학에서는 사용하지 않는 제제를 쓰는 것이 가장 좋다. 논쟁적으로, 그동안 동물의 성장을 촉진하기 위해 페니실린(penicillins), 세팔로스포린(cephalosporins) 등의 항생제를 사용해 왔지만, 여러 나라에서 이런 관행을 막기 위한 입법이 통과되고 있다.

　수의학 실습에서 사용되는 각각의 약은 특정 종에 대해 승인이 되어 있는데, 이는 개에게 사용하도록 승인된 약이 반드시 고양이에게 사용하도록 승인되지는 않는다는 것을 의미한다. 현재까지 개에게 승인된 약은 634개, 고양이에게 승인된 약은 313개이다. 개를 치료하는 데 있어 복잡한 문제는 서로 다른 품종과 관련이 있다. 일부 품종은 다른 품종보다 특정 질병에 더 취약하고, 약물 대사에 차이가 있을 수 있다. 예를 들어, 구충제인 이버멕틴(ivermectin)은 개용으로 허가되었지만, 콜리(collies)에게는 독성이 있는 것으로 입증되었다. 가축에 관한 한, 미국에는 688개의 소를 위한 제품이 있으며, 대부분은 감염이나 염증을 치료하는 데 사용된다. 수의약품에는 꿀벌을 위한 약까지 포함된다. 바로아(varroa) 진드기는 일벌이 벌집에서 갑자기 사라지는 군집붕괴현상(colony collapse disorder)의 원인으로 여겨지는 요인들 중 하나이다. 진드기는 피레트로이드(pyrethroids)와 유기인산염 살충제로 치료할 수 있지만(제6장), 가벼운 감염의 경우는 옥시테트라사이클린(oxytetracycline)과 같은 항생제로 치료할 수 있다.

남용 약물(Drugs of abuse)

　한때 의학의 획기적인 발전으로 찬사를 받았던 몇몇 약물들이 이제는 남용 약물로 분류된다. 예를 들어, 헤로인(heroin)은 19세기 말에 시판되어 고통을 없애는 '영웅적인(heroic)' 약물로 환영을 받았다. 불행히도 이것의 중독성을 아무도 예상하지 못했다. 마찬가지로 지그문트 프로이트(Sigmund Freud)는 코카인을 항우울제로 사용하는 것을 그 중독성이 명확해진 때까지 옹호했다. 향정신성 약인 LSD는 원래 의약품으로 소개되었고, 1970년대에 MDMA라고 불리는 향정신성 화합물이 심리치료의 보조제로 연구되었다. 그러나 약물의 쾌감을 주는 효과는 그것이 이제는 '마약'(social drug)으로 복용된다는 것을 의미한다. 이것이 현재 '엑스터시'(ecstacy)로 알려진 그 약이다.

　이들은 원래 가장 좋은 의도로 개발된 의약품의 예이지만, 지금은 많은 부도덕한 화학 회사들이 교묘하게 남용 약물을 설계하고 있다. 이들은 암페타민(amphetamines)과 같은 방식으로 작용하는 흥분제를 포함한다. 이들은 새로운 구조물이기 때문에 위법적인 것은 아니며, 인체에 사용하도록 광고되지 않는 한, 이들을 판매하는 것은 정당하다. 대신에 이들은 목욕용 소금, 식물성 푸드, 또는 창문 세제로 광고된다.

　이와 같은 신종 의약품들은 '리걸하이'(legal highs, 법적 금지대상이 아닌 환각제)라는 꼬리표가 붙었는데, 이는 소비자들이 이들을 합법적으로 승인된 것으로 오인하도록 만들 수 있다. 하지만 이들 의약품 중 어느 것도 의약품에 요구되는 전임상과 임상시험을 거치지 않았다. 복용하는 사람은 누구나 목숨까지는 아니더라도, 건강을 걸고 도박을 하는 것이다. 영국 정부가 리걸하이 '세로토니'(serotoni)를 금지했을 때 이미 영국에서만 37명의 사망자가 발생했다. 또 다른 42명은 각성제 메페드론(mephedrone)을 복용해 사망했다.

불행하게도, 새로운 리걸하이를 규명하는 데는 시간이 걸리고, 그것들을 불법으로 판정하는 데는 더 오랜 시간이 걸린다. 하나의 '리걸하이'가 금지될 즈음에는, 그것을 생산하는 회사는 통상 그 구조를 수정하고 새로운 흥분제를 출시했을 것이다. 예를 들어, 아이보리 웨이브(Ivory Wave)라고 불리는 제품은 목욕 소금으로 팔렸는데, 그 안에는 메틸렌디옥시프로발레론(methylenedioxyprovalerone)으로 불리는 향정신성 화합물을 함유하였다. 이 화합물이 금지되었을 때, 그것은 나프틸피로발레론(naphtylpyrovalerone)이라고 불리는 유사한 구조로 대체되었다. 이것이 금지되었을 때는, 데속시피프라돌(desoxypipradol)이 대신 첨가되었다. 데속시피프라돌은 이전의 두 화합물보다 더 강력하고, 많은 아이보리 웨이브의 일반 사용자들이 그 제품을 과다 복용했다.

이 문제는 최근 몇 년 동안 증가하고 있다. 2009년에는, 유럽 전역에서 24개의 '리걸하이'가 판매되었지만, 2013년에는 81개로 증가했다. 중국 실험실이 현재 상용되는 대부분의 리걸하이를 생산하고 있는 것으로 추정된다. 2012년에 9명의 사람을 입원하게 만든 '자아소멸'(annihilation)과 같은 합성 칸나비노이드(cannabinoids, 대마)도 증가했다.

영국 정부는 이제 외관상의 각 구조물을 금지하는 대신, 항정신 효과를 낼 수 있는 모든 물질을 금지하는 법을 통과시켰다. 그러나 이것은 시장을 지하화하는 역할만 할지도 모른다. 게다가 정부의 허가를 필요로 하기 때문에 정신작용제에 대한 진정한 연구가 저해될 수 있다. 만약 화학물질 공급업체가 리걸하이를 합성하는 데 사용되는 화학물질

판매를 중단해야 한다고 느끼게 된다면, 이는 많은 합법적인 연구 프로젝트에 악영향을 미칠 수 있어 그 파문이 더욱 커질 수 있다.

제6장

농약

Pesticides

농약은 농업 수확량을 향상시키고 농작물 질병과 싸우기 위해 농약 산업에 의해 생산되는 유기 화학물질이다. 살충제, 살균제, 및 제초제가 포함되며, 이는 향후 35년 동안 33% 증가할 것으로 예상되는 전 세계 인구의 식량 생산을 증가시키는 데 필수적임이 확실하다. 살충제가 없으면, 식량 생산은 농작물 생산에 사용하는 토지의 양을 늘려야만 유지될 수 있지만, 이는 세계의 대초원, 삼림 지대, 초원, 및 목초지를 농업으로 전환하는 것을 의미하는데, 이것은 생물 다양성에 부정적인 영향을 미치고 생태계에 예측할 수 없는 결과를 초래하게 될 전략이다.

　　전통적인 농약의 영향에 대한 우려로 인해, 보다 안전하고 친환경적인 농약을 설계하는 ― 유기화학자의 역할에 속하는 ― 연구가 촉진되었다. 새로운 농약을 개발하는 데 약 10년이 걸리고 1억 6천만 파운드의 비용이 들며, 단지 대기업만이 이 정도의 투자를 감당할 수 있다. 몇몇 회사가 농약 생산 및 연구를 전문으로 하고 있고, 거대한 글로벌 농약 시장이 있다. 2002년부터 2012년 사이 10년 동안 글로벌 판매량은 47% 증가했고, 한편 2012년의 총 판매량은 310억 파운드에 달했다. 가장 큰 시장은 브라질, 미국, 그리고 일본이었다.

　　여러 면에서 농약 연구는 의약품 연구와 비슷하다. 그 목적은 해충에게는 독성이 있지만, 인간과 유익한 생명체에는 비교적 무해한 농약을 찾는 것이다. 이 목표를 달성하기 위해 사용되는 전략도 비슷하다. 선택성은 해충에는 존재하지만 다른 종에는 존재하지 않는 분자 표적과 상호 작용하는 제제를 설계함으로써 달성될 수 있다. 또 다른 접근 방식으로는 해충에 고유한 대사 반응을 이용하는 것이다. 그러면 해충 내에서 독성 화합물로 대사되지만, 다른 종에서는 무해한 상태로 남아 있는 비활성 전구약물을 설계할 수 있다. 마지막으로 해충과 다른 종 간의 약동력학적 차이를 이용하여, 해충 내에서 농약이 더 쉽게 목표에 도달할 수 있도록 만드는 것이 가능할 수 있다.

살충제(Insecticides)

    제2차 세계 대전 이전에는, 자연계에 존재하는 살충제만 사용 가능하였다. 예를 들어, 유황은 고대 그리스에서 해충 방제에 사용되었으며, 오늘날에도 세계의 일부 지역에서 사용된다. 1690년에 담배 추출물이 곤충을 방제하는 데 효과적이라고 보고되었으며, 1800년대 초반에는 다른 식물 추출물, 즉 크리산티멈(chrysanthemums, 국화)의 피레트럼(pyrethrum)과 데리스(derris) 뿌리의 로테논(rotenone)이 그 살충 특성 때문에 사용되었다. 보다 최근에는, 님(neem) 나무라고 불리는 인도 식물의 추출물이 효과적인 것으로 입증되었다. 이들 추출물의 살충 활성을 담당하는 제제는 담배 식물의 니코틴(nicotine), 국화의 피레트린(py-rethrin), 그리고 님 나무의 아자디라크틴(azadirachtin)으로 확인되었다.

    천연물은 그 이용가능성, 선택성, 그리고 효과 면에서 제한적이다. 따라서 이후 강력하고 선택적이며 가격이 저렴한 합성 살충제가 출현하여 산업적 규모로 이용가능하게 되었다. 초기 합성 살충제에는 유기염소, 유기인산염, 메틸카바메이트(methylcarbamate) 및 피레트로이드(pyrethroids)가 포함되었다. 일반적으로, 이러한 제제는 강력하고 포유류보다는 곤충에 대해 선택적 독성을 보였다. 그러나 당시에는 환경 및 기타 생명체에 대한 이들의 누적 효과가 충분히 예측되지 않았다. 현재 이들은 더 선택적이고 친환경적인 살충제들로 거의 대체되었다.

살충제: 유기염소제(Insecticides: organochlorine agents)

유기염소제는 디디티(DDT)를 시작으로 시장에 나온 최초의 합성 살충제였다(그림 58). DDT는 1874년에 처음 합성되었다. 그러나 살충제로서의 DDT의 특성은 1939년까지 발견되지 않았는데, 그때 DDT가 모기, 진드기, 그리고 메뚜기에 대해 효과가 있는 것으로 알려졌다. 이로 인해 제2차 세계 대전 동안, 동남아시아에서 말라리아와, 동유럽에서 티푸스와 싸우기 위해 군대에서 사용되었다. 전쟁 후, DDT는 유럽과 북미에서 말라리아를 퇴치하는 데 중요한 역할을 했고, 한때는 전 세계적으로 말라리아를 박멸할 수도 있겠다는 희망이 있었다. 안타깝게도, 이 화학물질에 대한 내성이 열대 지역 쪽에서 생겨났다.

그럼에도 불구하고, DDT는 말라리아, 황열병, 수면병과 같은 곤충-매개 질병으로부터 수많은 생명을 구했다. 한 추정치는 1940년대부터 1960년대 사이에 5억 명의 생명을 구했다고 한다. 그 결과, DDT의 살충 효과를 발견한 사람인 폴 뮬러(Paul Muller)에게 1948년 노벨 의학상이 주어졌다.

질병을 퇴치할 뿐만 아니라, DDT는 매년 평균 4만 톤이 생산되는 농업용 살충제로 널리 사용되었다. DDT는 곤충에게 매우 독성이 있지만, 포유류에게는 훨씬 낮은 독성을 갖고 있다. 사실, 인간의 치사량은 1에이커의 땅을 처리하는 데 필요한 DDT의 양과 맞먹는다. 불행히도, 생명을 구하고 작물 생산을 늘리는 측면에서 DDT의 의심할 여지 없는 혜택에도 불구하고, 막대한 환경 비용이 발생했다. DDT는 비교적 안

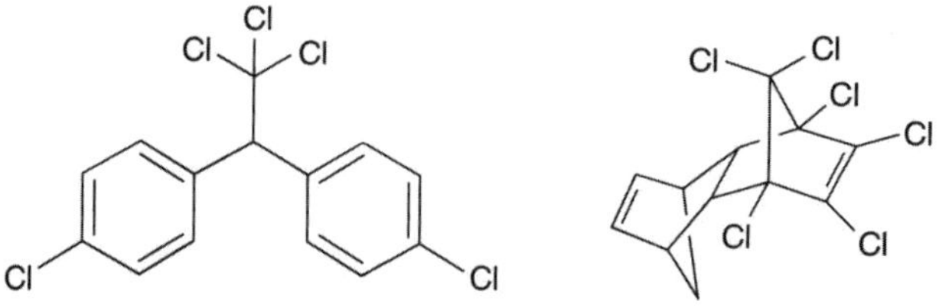

〈그림 58〉 유기염소계 살충제의 예.

정한 분자이므로 환경에서 축적된다. 또한 DDT는 본래 소수성을 띠
는데, 이는 물에 잘 녹지 않지만, 다양한 야생 동물의 체지방에 쉽게 녹
는다는 것을 의미한다. 이후 연구에 따르면 야생 동물에서 DDT 농도
는 동물 먹이 사슬을 따라 올라갈수록 증가한다는 것이 밝혀졌고, 이는
포식 조류 생명체에게 특히 치명적임이 입증되었다. DDT는 알 껍질
을 얇게 만드는 것으로 밝혀졌기 때문에, 미국에서 대머리 독수리와 송
골매가 거의 멸종된 원인으로 비난을 받았다. 이 취약한 알들은 부화하
기 전에 깨져 배아를 죽게 만드는 경향이 있다.

　DDT는 1972년 미국에서 농업용 사용이 금지되었고, 1984년 영국이
그 뒤를 이었다. 2004년 스톡홀름 협약(Stockholm Convention)에 의해 전
세계적인 금지가 도입되었지만, DDT는 인간의 건강에 해로울 가능성
이 있는 곤충의 퇴치를 위해서는 여전히 허용된다. 예를 들어, DDT는
인도에서 말라리아를 통제하기 위해 여전히 사용되고 있다.

　유기염화물 살충제의 또 다른 예로 알드린(Aldrin)이 있다(그림 58).
DDT와 마찬가지로 알드린은 염소 원자를 여러 개 포함하고 소수성 분
자이지만, 복잡한 다중고리 시스템의 형태로서 전혀 다른 탄소 골격을

갖고 있다.

　유기염소계 살충제는 이온채널에 작용하여, 신경 전달, 경련, 그리고 사망을 유발한다. DDT는 나트륨(sodium) 이온채널에 작용하고, 한편 알드린과 그 유사체는 염화(chloride) 이온채널에 작용한다. 이들이 다른 종류의 이온채널에 작용하기 때문에, DDT에 대한 내성이 알드린에 대한 교차 내성으로 귀결되지는 않는다. 돌연변이가 표적 이온채널의 아미노산을 변경하면 내성이 발생한다. 이는 다시 살충제와의 결합 상호작용을 약화시킨다.

살충제: 메틸카바메이트 및 유기인산염
(Insecticides: methylcarbamates and organophophates)

    메틸카바메이트(methylcarbamayte)와 유기인산염은 유기염소화물 다음으로 개발되었다. 메틸카바메이트의 설계는, 칼라바 콩에서 발견되는 독인, 피소스티그민(physostigmine)(그림 59)이라는 천연물을 기반으로 했다. 피소스티그민은 아세틸콜린(acetylcholine)이라는 신경전달물질의 가수분해를 촉매하는 아세틸콜린에스테라제(acetylcholinesterase) 효소를 억제한다(그림 60). 효소가 억제되면, 아세틸콜린 수치가 증가하여 곤충의 신경계에 있는 단백질 수용체를 과도하게 자극하여, 독성과 죽음을 초래한다. 아세틸콜린에스테라제 효소는 인간에게도 존재하므로 메틸카바메이트 살충제가 곤충 버전의 효소에 선택적으로 독성을 갖는 것이 중요하다. 피소스티그민 자체는 이러한 선택성을 갖지 않지만, 카바릴(carbaryl)은 이러한 선택성을 갖는 유사체이다.

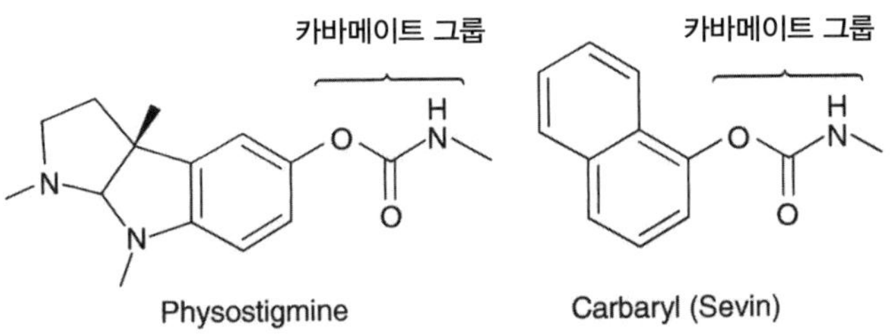

카바메이트 그룹   카바메이트 그룹

Physostigmine   Carbaryl (Sevin)

〈그림 59〉 피소스티그민(physostigmine)과 살충제 카바릴(carbaryl).

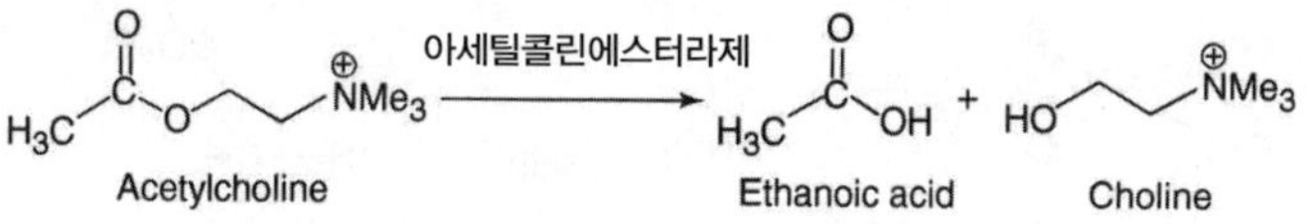

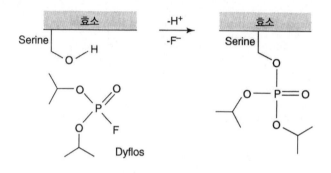

〈그림 60〉 아세틸콜린에스테라제 촉매작용에 의한 아세틸콜린의 가수분해.

Serine

효소   -H⁺   효소

Dyflos

〈그림 61〉 아세틸콜린에스테라제의 활성점에 있는 세린(serine) 잔기와
디플로스(dyflos)의 반응.

  유기인산염 또한 아세틸콜린에스테라제 효소를 표적으로 하여 비가
역적 억제제 역할을 한다. 몇몇 유기인산염은 독성이 너무 강해 살충제
로 사용할 수 없다. 실제로 몇몇 유기인산염은 화학전에서 신경독소로
사용되었다. 여기에는 사린(sarin), 타분(tabun), 소만(soman), 디플로스
(dyflos) 및 VX가 포함된다. 이 모든 예에서 독은 효소의 활성 부위를 차
지한 다음, 세린(serine) 잔기와 반응한다. 인산기는 신경작용제에서 세
린 잔기로 전달되고 아세틸콜린의 가수분해를 더 이상 촉매하지 못하
도록 '캡'(caps) 한다(그림 61).

  신경작용제의 독성을 생각하면, 안전한 유기인산염 살충제를 설계하
는 것은 매우 힘든 일처럼 보인다. 실제로 이것은 곤충에서만 활성 화

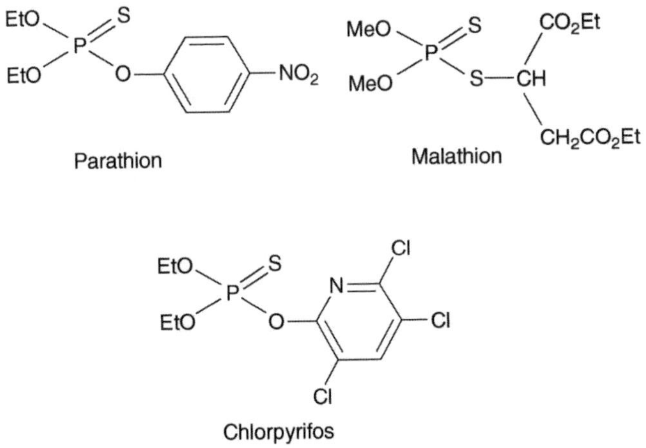

〈그림 62〉 살충제로 사용되는 유기인산염 전구약물.

합물로 대사되는 전구약물을 설계함으로써 달성되었다. 파라티온(para-thion), 말라티온(malathion), 클로르피리포스(chlorpyrifos)는 P=S 그룹을 함유하는 살충제이다(그림 62). 따라서 아세틸콜린에스테라제 효소에 는 직접적인 영향을 미치지 않는다. 그러나 곤충은 P=S 그룹을 P=O 그룹으로 전환하는 대사 효소를 갖고 있다. 그러면 생성된 신경작용제 가 아세틸콜린에스테라제를 억제할 수 있다.

포유류에서 이들 살충제는 다른 효소에 의해 대사되어 비활성 화합 물을 만들고 배출된다. 그럼에도 불구하고 유기인산염 살충제는 완전 히 안전하지는 않으며, 주의해서 다루지 않으면 장기간 노출되어 심각 한 부작용을 일으킬 수 있다. 또한 야생 동물에 누적 독성 영향을 미친 다. 따라서 지금은 대체 약제가 선호된다.

살충제: 피레트린 및 피레트로이드
(Insecticides: pyrethrins and pyrethroids)

    제충국(pyrethrum)은 국화(chrysanthemums)를 물에 으깨어 얻은 식물 추출물로서, 피레트린(pyrethrines)이라 불리는 천연물의 혼합물을 함유하고 있다. 이와 같은 추출물은 수년 동안 살충제와 곤충퇴치제로 사용

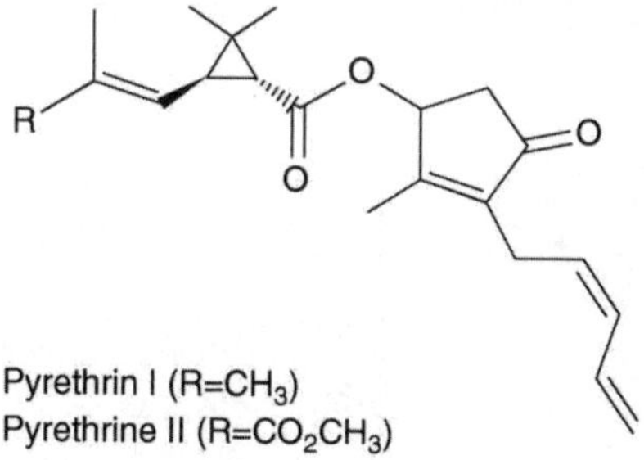

Pyrethrin I (R=CH$_3$)
Pyrethrine II (R=CO$_2$CH$_3$)

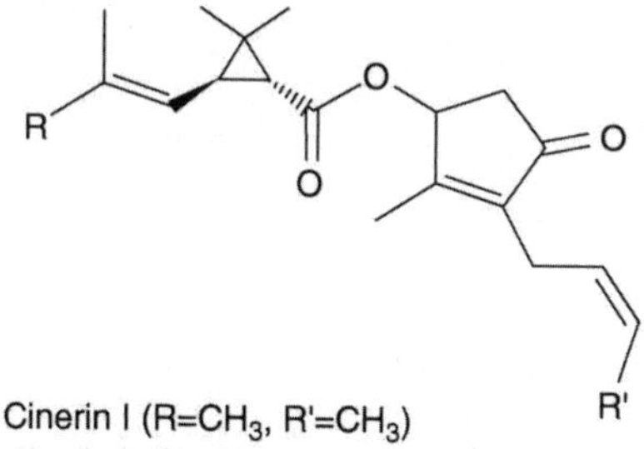

Cinerin I (R=CH$_3$, R'=CH$_3$)
Cinerin II (R=CO$_2$CH$_3$, R'=CH$_3$)
Jasmolin I (R=CH$_3$, R'=CH$_2$CH$_3$)
Jasmolin II (R=CO$_2$CH$_3$, R'=CH$_2$CH$_3$)

〈그림 63〉 피레트린(pyrethrins)의 구조.

되어 왔으며, 중국인들이 일찍이 기원전 1000년에 이들을 사용했을 것으로 추측되고 있다. 나폴레옹 전쟁 동안 프랑스 군인들은 벼룩과 이(lice)를 퇴치하기 위해 국화를 사용했다고 보고되었다. 매우 유사한 구조를 가진 6개의 피레트린이 현재까지 확인되었다(그림 63). DDT와 마찬가지로 이들은 곤충의 신경계에서 있는 나트륨 이온채널에 결합하여, 마비시키고 사망에 이르게 한다. 피레트린의 잠재적인 문제는 DDT와 동일한 표적에 작용한다는 사실이다. 이것은 DDT에 내성을 얻은 모든 해충이 종종 피레트린에도 내성을 갖는데, 이것은 교차 내성의 한 예이다.

피레트린을 합성첨가물인 피페로닐 부톡사이드(piperonyl butoxide) 또는 세사멕스(sesamex)(그림 64)와 결합하면, 피레트린이 일반적으로 내성이 있는 곤충을 포함하여 더 광범위한 곤충에 효과적이다. 이것은 합성

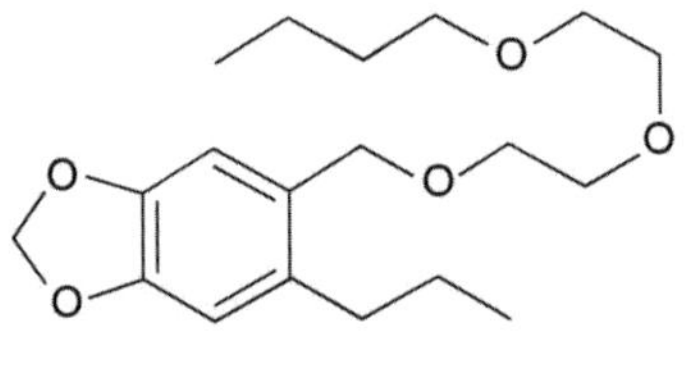

Piperonyl butoxide

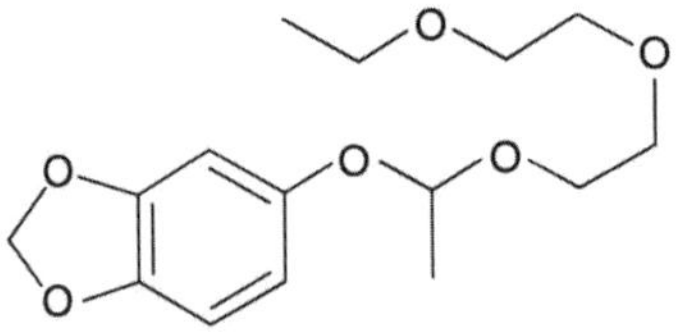

Sesamex

〈그림 64〉 상승제(synergist)의 예.

첨가물이 곤충에서 정상적으로 피레트린을 대사하고 비활성화시키는 효소를 억제하기 때문이다. 다른 물질의 활성을 강화하는 제제를 상승제(synergist)라고 한다. 상승제의 한 가지 단점은 잠재적으로 포유류의 대사 효소를 억제하고 독소에 대한 감수성을 증가시킬 수 있다는 것이다.

피레트린은 시장에서 가장 안전한 살충제 중 하나로 간주된다. 결과적으로 몇몇 가정용 살충제가 피레트린을 함유하고 있다. 또한 이들은 빛이나 산소에 노출되면 생분해성이고(DDT와 달리) 무해한 생성물을 만든다. 불행하게도, 피레트린은 벌에게 해롭기 때문에, 벌들이 수분하지 않는 밤중에 사용해야 한다.

피레트로이드(pyrethroids)는 피레트린의 합성 유사체이며, 1950년대에 유기염소제를 대체하기 위해 도입되었다. 이들은 피레트린만큼 생

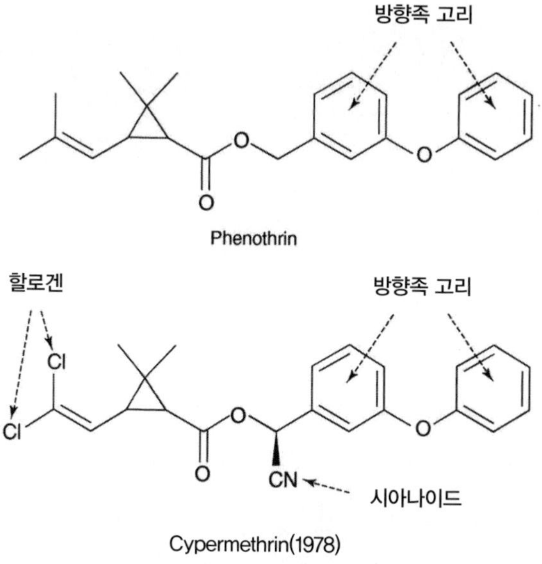

〈그림 65〉 피레트로이드(pyrethroid)의 예.

분해성이 없어서 살충제로서 더 효과적이지만, 동시에 환경에 축적될 가능성이 더 높다. 일부 상업용 살충제와 샴푸에는 피레트린과 피레트로이드가 모두 포함되어 있으며, 특히 알레르기 측면에서 이들의 사용에는 위험 요소가 있다. 합성 피레트로이드의 예로는 페노트린(phenothrin)과 사이퍼메트린(cypermethrin)이 있다(그림 65).

살충제: 네오니코티노이드(Insecticides: neonicotinoids)

니코틴은(그림 66) 니코틴 수용체라고 부르는 일종의 콜린성 수용체를 활성화시키기 때문에 살충 특성을 가진다. 그 결과, 신경이 과도하게 자극되어 독성 효과가 나타난다. 니코틴은 담배 추출물의 형태로 살

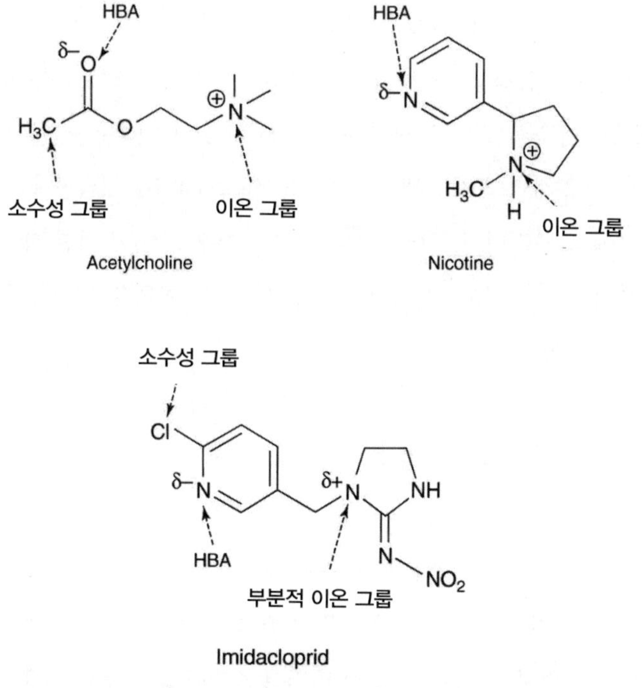

〈그림 66〉 아세틸콜린, 니코틴, 및 이미다클로프리드의 주요 결합 그룹들.
HBA는 수소결합받개를 나타냄(2장을 보시오).

충제로서 사용되어 왔지만, 합성 살충제만큼 강하지 않고 곤충의 콜린성 수용체와 포유류의 콜린성 수용체 간에 낮은 선택성을 나타낸다. 선택성이 향상된 화합물을 찾기 위해 구조적으로 연관성 있는 많은 유사체가 합성되었지만 성공하지 못했다. 이후 구조적으로 관련이 없는 선도 화합물이 발견되고 나서야 강력하고 선택적인 제제가 개발될 수 있었다. 이들 또한 니코틴 수용체에 결합하고, 네오니코티노이드(neonicotinoids)라는 이름이 붙여졌다.

네오니코티노이드의 개발은 1970년에 시작되었고, 궁극적으로 니코틴보다 10,000배 더 활성이 있음이 입증된 이미다클로프리드(imidachloprid, 그림 66)의 개발로 이어졌다. 1985년에 특허를 받았고, 1991년에 시장에 소개되었다. 이 화합물은 매우 성공적이었고 연간 10억 달러의 매출에 도달한 최초의 살충제였다. 곧바로 전 세계에서 가장 널리 사용되는 살충제가 되었고, 그 개발은 살충제 연구의 이정표로 묘사되었다. 농업용 살충제로의 사용뿐만 아니라, 진드기와 벼룩을 통제하기 위해 수의학에서 가축병 치료에 사용된다. 그 이후로 여러 다른 네오니코티노이드가 개발되었고, 이들은 시장에서 가장 중요한 살충제 등급으로 자리매김하였다.

이미다클로프리드, 니코틴, 및 아세틸콜린은 이들 제제가 수용체 결합부위에 결합하는 데 중요한 구조적 특징을 공유한다(그림 66). 이들은 모두 이온 상호작용을 통해 수용체 결합부위와 상호작용할 수 있는 양전하 또는 부분적으로 양전하($\delta+$)를 띤 질소를 함유한다. 또한 이들은 모두 결합부위와 수소결합 상호작용을 형성할 수 있는 약간의 음전하($\delta-$)를 가진 원자를 갖고 있다. 이미다클로프리드는 소수성 염소 치환기가 결합부위의 소수성 포켓에 들어맞기 때문에 추가적인 결합 상호작용을 형성할 수 있다.

그러나 이것은 이미다클로프리드가 왜 인간 수용체보다 곤충 수용체에 1,000배 더 강하게 결합하는지, 즉 선택성의 핵심 이유를 설명하지 못한다. 이러한 선택성의 주요 원인은 곤충 수용체의 결합부위에는 존재하지만 포유류 수용체에는 존재하지 않는 아르기닌(arginine) 잔기와 상호작용할 수 있는 니트로(nitro) 그룹의 존재이다. 두 번째 이유는 완전히 양전하를 띤 질소 원자가 없어, 포유류 수용체와의 이온 상호작용을 약화시키기 때문이다. 약동력학적 요인들 또한 선택성을 높이는 데 역할을 한다. 이미다클로프리드는 중추신경계를 공격하기 위해 곤충의 혈액 뇌장벽을 넘어갈 수 있지만, 포유류의 혈액 뇌장벽은 넘지 못한다.

네오니코티노이드는 원래 꿀벌에 대한 독성이 낮은 것으로 여겨졌지만, 현재 많은 사람들은 2006년 이래 꿀벌 개체수의 급격한 감소에(군집붕괴현상, colony collapse disorder, 이라고 부름) 이들이 책임이 있다고 느끼고 있다. 상황이 너무 심각해지면서 미국의 상업적인 양봉업자들은 2012년까지 최대 절반의 벌집을 잃었다. 꿀벌이 98억 파운드의 가치가 있는 미국 작물을 수분시키는 데 책임이 있다고 추정되기 때문에 농업에 미치는 충격은 더욱 컸다. 먹이를 찾고, 학습하고, 또 식량 공급원을 오가는 길을 기억하는 꿀벌의 능력에 네오니코티노이드가 영향을 미칠 수 있다는 것이 제안되었다.

2013년, 유럽 연합은 2015년 12월까지 네오니코티노이드의 사용을 제한하기로 결정했고, 벌을 유인하지 않는 작물로 그 사용을 제한할 것을 권고했다. 미국은 곧 그 뒤를 따랐다. 이것은 분명히 환경론자의 승리를 의미했지만, 몇몇 과학자들은 그 결정이 과학적인 이유보다는 더 많이 정치적인 이유로 이루어졌다고 주장한다. 세 개 제한 제품 중 두 개를 생산하는 회사인 바이엘 크롭사이언스(Bayer Cropscience)는 네오니코티노이드가 책임감 있게 사용되는 한에서는 벌에게 안전하다고 말한다. 그들은 또한 벌 개체수의 감소가 네오니코티노이드가 도입되기 전에 시작되었고, 이는 바이러스, 곰팡이 질병, 그리고 증가하는 농업으로 인한 꽃 식물의 감소와 같은 많은 다른 요인들 때문일 수 있다고 주장했다. 그들은 또한 호주가 네오니코티노이드의 광범위한 사용에도 불구하고 매우 건강한 벌을 보유하고 있다는 사실을 강조했다. 이것은 바로아(varroa) 진드기가 유럽에 널리 퍼진 것과 비교적으로 호주에는 없기 때문일 수도 있다. 사실 벌 개체수의 감소를 일으키는 데 있어 어떤 특정 요인이 가장 중요한 요소인가를 단정하기는 어렵고, 여러 요인의 조합이 중요하다는 것이 온전히 가능하다.

네오니코티노이드를 금지하는 것은 자체적인 위험을 가져온다. 농부들은 환경적으로 더 해로운 오래된 형태의 살충제로 돌아가도록 강요받을 수 있다. 이것은 또한 이들 약제들에 대한 내성의 출현을 증가시킬 수 있다. 누가 옳고 그름을 떠나 더 안전하고 선택적인 살충제에 대한 요구가 연구 화학자들의 독창성에 계속 도전이 되고 있다. 그 결과 다른 살충제가 개발되었거나 연구 중이다. 예를 들어, 많은 다른 구조체가 니코틴계 콜린성 수용체에 작용한다. 이들 중 하나는 곤충 대사에 의해 활성화되어 네레이스톡신(nereistoxin)을 생성하는 약제 그룹을 포함하는데, 이 네레이스톡신은 해양 환형충에 의해 생성되는 자연 발생 신경독이다. 다른 화합물로는 사카로폴리스포라 스피노사(*Saccharopolyspora spinose*)라는 박테리아 균주에 의해 생성되는 복잡한 천연물인 스피노신(spinosyns), 설폭시민(sulfoximines), 그리고 스테모폴린(stemofoline)이라는 천연물의 유사체가 있다. 이와 같은 구조 중 하나는 최근 승인된 플루피라디푸론(flupyradifurone)이 있다(그림 67).

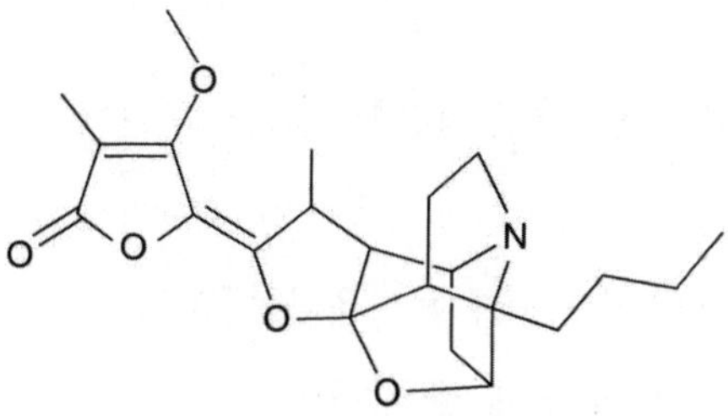

Stemofoline

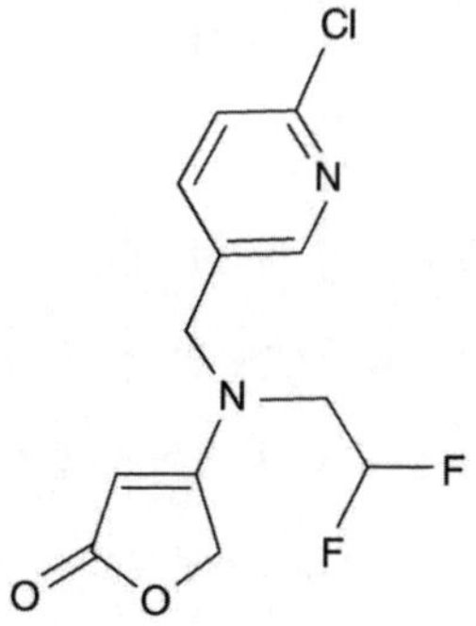

Flupyradifurone

〈그림 67〉 스테모폴린(stemofoline)과 플루피라디푸론(flupyradifurone).

미래의 살충제(Future insecticides)

내성과 대응하는 수단으로 다양한 다른 표적에 작용하는 살충제가 개발되고 있다. 한 특정 표적에 작용하는 살충제에 내성이 발생한다면, 다른 표적에 작용하는 살충제를 사용하는 쪽으로 전환할 수 있다. 클로란트라닐리프롤(chlorantraniliprole), 사이안트라닐리프롤(cyantraniliprole), 그리고 플루벤디아미드(flubendiamide)와 같은 랴노이드(Ryanoid)s가 2006 -7년에 시판되었다. 그들은 근육 세포의 칼슘 이온채널에 결합함으로써 작용하고, 마비와 죽음에 이르게 한다. 그들은 포유류보다 곤충에 대해 높은 선택성을 보이고, 조류나 수생 생물에 대해서는 거의 독성이 없다. 뉴캐슬(Newcastle) 대학의 최근 연구는 역시 칼슘 이온채널을 표적으로 삼는 자연적으로 발생하는 펩타이드를 발견했다. 이 펩타이드는 호주 깔때기 거미줄거미(Australian funnel web spider)의 독에서 발견되며, 진딧물과 애벌레에게는 독성이 있지만 포유류와 꿀벌에게는 무해하다.

몇몇 살충제들은 곤충성장조절제(IGRs) 역할을 하고, 신경계보다는 탈피 과정을 타깃으로 한다. 일반적으로, IGRs는 곤충을 죽이는 데 오래 걸리지만 유익한 곤충들에게는 덜 해로운 영향을 준다고 여겨진다. 유생 곤충은 자신의 묵은 외골격 아래에서 새로운 외골격을 자라게 하고, 다음 탈피를 함으로써 오래된 외골격을 벗어난다. 이는 새로운 외골격이 팽창하고 굳도록 해준다.

탈피 과정에는 두 가지 주요 호르몬, 즉 유충 호르몬(juvenile hormone)과 엑디손(ecdysone)이 관여되어 있다. 8가지 종류의 유충 호르몬이 서로 다른 곤충 종에서 확인되었지만, 그들은 모두 사슬의 한쪽 끝에 메틸에스터(methyl ester) 그룹을 포함하고, 다른 쪽 끝에는 에폭사이드 그룹을 포함하고 있다(그림 68). 번데기가 성충으로 탈피하려면 유충 호르몬이 없어야 한다. 따라서 여러 IGR은 유충 호르몬을 모방하여 곤충이 성충으로 성숙하는 것을 방지한다. 유충 호르몬을 모방하는 데 사용되는 IGR은 유배노이드(juvenoid)라고 불리는데, 유충 호르몬의 구조적 유사체이다. 메토프렌(methoprene)은 이들 중 가장 성공적인 것으로서, 모기가 자주 발생하는 지역의 식수 수조에 첨가하기에 충분히 안전하다고 여겨진다. 이것은 말라리아를 통제하고 웨스트 나일 바이러스(West Nile virus)의 확산을 줄이는 데 도움이 되었다. 또한 이것은 가축의 벼룩을 통제하기 위해서, 그리고 분뇨에서 파리 번식을 예방하기 위한 소 사료의 첨가제로서 사용되었다.

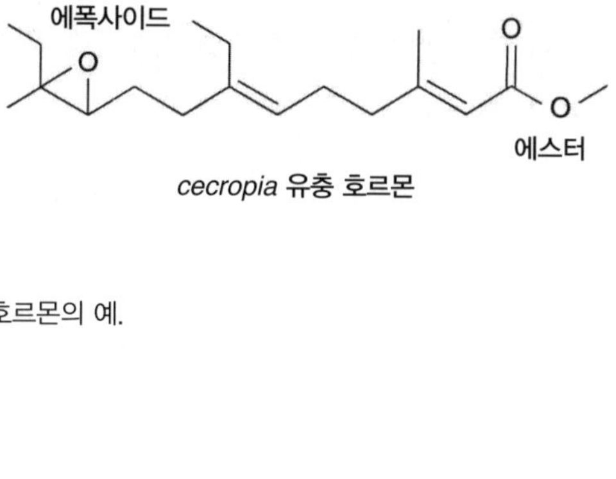

에폭사이드

에스터

cecropia 유충 호르몬

〈그림 68〉 유충 호르몬의 예.

이와 반대의 접근법은 생합성 효소를 억제하여 유충 호르몬의 생성을 방지하는 것이다. 유충 호르몬의 생성을 억제함으로써 탈피가 너무 빨리 진행되고 기능성이 없는 성충을 만들어낸다. 특히 JH산 메틸트랜스퍼라제(JH acid methyltransferase)와 사이토크롬(cytochrome) P450

CYP15 효소를 억제하는 IGR이 특히 흥미롭다. 이들 효소는 곤충에 특이적이므로 포유류를 비롯한 다른 종에 대한 부작용을 최소화할 수 있는 억제제를 설계하는 것이 가능할 것이다.

엑디손 수용체를 표적으로 하는 IGR은 번데기 단계에서 유충이 성충으로 탈바꿈하는 것을 방해한다. 테부페노자이드(tebufenozide)는 엑디손 수용체 작용제의 한 예로, 애벌레 방제에 효과적이다. 이 화합물은 높은 선택성과 낮은 독성을 가지고 있어, 이를 개발한 회사 롬앤하스(Rohm and Haas)가 대통령 녹색 화학상(Presidential Green Chemistry Award)을 수상했다.

그 외 IGR들은 외골격에 필요한 필수 탄수화물인 키틴(chitin)의 생합성을 억제하는데, 이는 곤충들이 기존 외골격에 갇히게 되는 것을 의미한다. 이러한 억제제들은 호르몬 IGR들보다 더 빨리 작용하고 더 오래지속된다. 한 예는 1976년에 시판된 디플루벤주론(diflubenzuron)이다(그림 69). 디플루벤주론은 목화 바구미와 다양한 종류의 나방을 통제하기 위해 주로 숲 관리에 사용된다. 그것은 곤충에게 매우 독성이 강하면서 포유류에게는 비교적 독성이 없다.

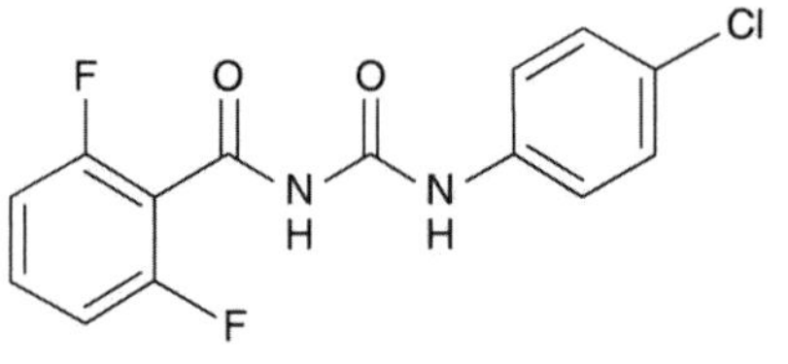

〈그림 69〉 디플르벤주론(diflubenzuron).

새로운 살충제를 찾는 것은 종종 자연의 책에서 좋은 것을 모방하는 것을 포함한다. 몇몇 식물, 곰팡이, 그리고 박테리아 균주는 살충제나 기피제 역할을 하는 화합물을 생산한다. 예를 들어, 박테리아 균주 바실러스 튜링겐시스(*Bacillus thuringiensis*)는 곤충을 감염시키고, 딱정벌레, 모기, 그리고 애벌레의 유충을 죽이는 독소를 생산한다. 유전 공학이 이 박테리아 독소(Bt toxin)를 식물에 도입하기 위해 이용되었다.

몇몇 식물들은, 방충제의 역할을 하고 새로운 살충제 설계의 출발점으로서 역할을 할 수 있는, 테르펜(terpenes)으로 알려진 휘발성 화학물질을 방출한다. 최근 진행되고 있는 연구 분야 중 하나는 진딧물과 다른 해충을 물리치는 화합물인 게르마크렌 D(germacrene D)라고 불리는 천연 제품의 유사체를 합성하는 것이다. 일본의 한 연구팀은 토마토가 애벌레의 공격을 받을 때 휘발성 화학 물질을 내뿜는다는 것도 발견했다. 이 화학물질은 이웃 토마토에게 화학적 경고의 역할을 하고, 토마토는 잠재적인 공격으로부터 자신을 방어하기 위해 살충제를 만들어낸다. 놀랍게도 이 살충제는 식물에 의해 흡수된 알람(alarm) 화학물질들 중 하나로부터 만들어진다. 다른 식물들도 비슷한 방어 메커니즘을 갖고 있을 가능성이 있고, 이것은 곤충들의 통제에 대한 새로운 접근법을 제공할 수 있다.

살진균제(Fungisides)

살진균제는 농작물이나 농장 동물에 해로운 곰팡이 감염을 없애준다. 일부 식물과 유기체는 곰팡이 질병에 대한 화학적 방어로서 천연 살진균제를 함유하고 있다. 이러한 살진균제에는 신남알데하이드(cinnamaldehyde), 모노세린(monocerin), 계피(cinnamon), 시트로넬라(citronella), 호호바(jojoba), 오레가노(oregano), 로즈마리(rosemary), 및 차 나무와 님 나무에서 추출한 추출물이 포함된다. 박테리아 바실러스 서브틸리스(*Bacillus subtilis*, 고초균)와 곰팡이 울로클라디움 우데만시(*Ulocladium oudemansii*)는 때때로 살균제로 사용될 수 있으며, 한편 풀의 곰팡이로부터 보호하기 위해 다시마(kelp)를 소에게 먹인다.

실험실에서 제조된 많은 합성 살진균제도 효과가 입증되었다. 오래된 살진균제의 예로는 베노밀(benomyl), 빈클로졸린(vinclozolin), 및 메탈락실(metalaxyl)이 있다. 그러나 보다 현대적인 살진균제는 더 나은 선택성과 효능을 보여준다. 후자의 예로는 '퀴논 외부 억제제(quinone outside inhibitors, QoI)'로 알려진 화합물 종류가 포함되는데, 이는 최근 수년 동안 살진균제 분야에서 가장 중요한 개발로 간주된다. 이런 종류의 억제제 중 하나는 질롯 힐 국제연구센터(Jealott's Hill International Research Centre)가, 유럽의 작은 버섯 종으로부터 생산된 천연 항진균제로부터 개발한, 아족시스트로빈(azoxystrobin)이다(그림 70). 항진균제 활성을 위한 특징적인 주요 그룹은 (독소포어, toxophore) 선으로 둘러싼 부분이다. 또 다른 예는 트리아졸(triazole)이란 살진균제인데, 이렇게 불리는 것은

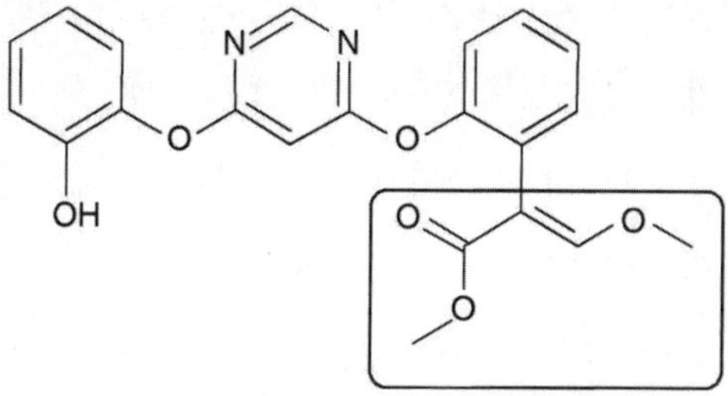

Azoxystrobin

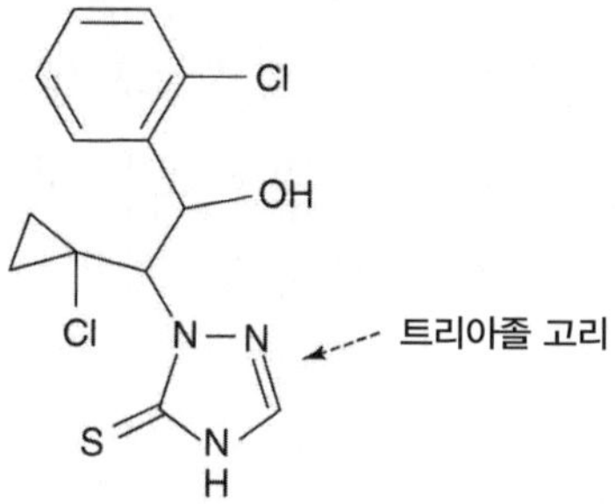

트리아졸 고리

Prothioconazole

〈그림 70〉 살진균제(fungisides)의 예.

그 구조에 트리아졸 고리가 포함되어 있기 때문이다. 프로티오코나졸 (prothioconazole, 그림 70)은 이러한 종류의 살진균제 예이며, 식물 성장을 촉진하는 추가적인 보너스 효과를 가지고 있다.

플루옥사스트로빈(fluoxastrobin)(일종의 스트로빌루린, strobilurin)과 프로티오코나졸(prothioconazole)의 혼합 제형은 Fandango라는 상표명으로 상업적으로 이용가능하며, 두 개 다른 항진균제를 단독으로 사용하는 것보다 더 광범위한 항진균 방어를 제공한다. 서로 다른 표적에 작용하는 두 가지 살진균제를 결합하면 곰팡이 균주가 내성을 얻을 가능성이 줄어든다. 살진균제 중 하나에 내성이 발생하는 경우, 곰팡이 균주는 여전히 다른 살균제에 취약할 것이다. 예를 들어, 아일랜드에서 메탈락실이 감자마름병을 통제하기 위해 사용되었을 때, 한 재배 시즌 내에 내성이 발생했다. 그러나 영국에서는 메탈락실이 다른 살진균제와 함께 사용되었기 때문에 내성이 더 느리게 발생했다.

내성은 표적 단백질의 결합 부위에 있는 주요 아미노산을 변경하는 돌연변이로 인해 발생할 수 있다. 이것은 종종 특정한 구조 그룹 내의 모든 살진균제에 영향을 미치는데, 이는 교차 내성(cross-resistance)으로 알려진 특성이다. 예를 들어, 블랙 시가토카(black sigatoka)는 모든 QoI 살진균제에 내성이 있는 바나나의 곰팡이 질병으로, 글리신 잔기를 알라닌으로 대체하는 돌연변이로 인해 발생한다.

제초제(Herbicides)

제초제는 물과 토양의 영양소를 얻기 위해 농작물과 경쟁하게 될 잡초를 통제한다. 미국에서만 60억 달러가 소비될 정도로 다른 어떤 종류의 살충제보다 더 많은 제초제가 사용된다. 일반적인 염(salt) 화합물이 역사적으로 사용되었으며, 한편 무기물(inorganic) 제초제가 제2차 세계 대전 이전에 사용되었다. 그러나 이러한 화학물질은 특별히 선택적이지 않았고 농작물에 피해를 줄 수 있다.

농작물을 처리할 때는 선택적 제초제가 필요하지만, 목적이 노지, 산업 현장, 그리고 철로 위의 모든 식물을 죽이는 것이라면 비선택적 제초제가 유용하다. 일부 식물은 이웃하는 식물의 생명에 영향을 미치는 천연 제초제를 만든다(알렐로파시 allelopathy로 알려진 특성). 한 예로, '악취 나무' 또는 '지옥 나무(tree from Hell)'와 같이 덜 어울리는 이름이 붙여진 '천국 나무(tree of heaven)'가 있다. 이는 고약한 냄새와 침투 특성 때문이다. 검은 호두나무의 잎에는 사과나무와 많은 식물에 독성이 있는, 주글론(juglone)이라는 제초제가 포함되어 있다. 잎이 땅에 떨어지면, 화학물질이 방출되어 다른 식물이 가용한 공간과 영양분을 놓고 경쟁하는 것을 막는다.

옥신(auxins)이라고 부르는 식물 호르몬의 작용을 모방한 많은 합성 제초제가 설계되었다(그림 71). 이들 식물 호르몬은 외부 환경 조건에 반응하여 생성되고 식물 성장을 조절한다. 4-클로로인돌-3-아세트산(4-chloroindole-3-acetic acid)과 같은 천연 옥신에는 카르복실산과 방향족 고리가 포함되어 있다.

합성 제제 2,4-D(그림 71)는 이러한 동일한 작용기를 포함하고 옥신의 작용을 모방하고 있다. 이것은 생물 무기 연구의 일환으로 1940년 ICI에 의해 합성되었으며, 좁은-잎(narrow-leaf) 곡류 작물에 해를 가하지 않고, 활엽수 잡초를 죽이는 것으로 밝혀졌다. 1946년 처음 상업적으로 사용되었으며 밀, 옥수수, 쌀과 같은 곡류 풀 작물에서 잡초를 박멸하는 데 매우 성공적인 것으로 입증되었다. 이것은 무기물 제초제보다 100배 더 강력하며 전후 농업 생산량의 확대에 큰 책임이 있다. 이 화합물은 합성하기 쉽고 저렴하며, 여전히 세계에서 가장 널리 사용되는 제초제이다.

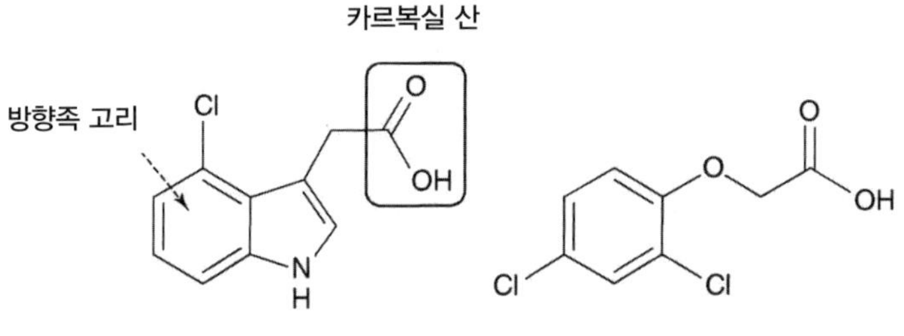

4-Chloroindole-3-acetic acid

2,4-D

〈그림 71〉 옥신(auxin)의 예.

2,4-D의 에스터 유도체는 베트남 전쟁 중 미군이 사용한 제초제인 에이전트 오렌지(Agent Orange)에 포함된 활성 성분 중 하나였다. 1950년대에 아트라진(atrazine, 그림 72) 같은 트리아진(triazine) 제초제가 개발되었다(트리아진은 질소 원자 3개를 포함하는 6-원 방향족 고리의 존재를 의미한다).

이들 제제는 광합성에서 중요한 단백질을 억제하여 잡초를 죽인다.

　1970년대에, 표백 제초제라고 묘사되는 제초제 부류가 시장에 소개되었다. 이것들은 광합성 색소의 생합성을 막는 효소억제제 역할을 한다. 이들 중 최초로 시장에 나온 것은 1971년 노르플루라존(norflurazon)이었다(그림 72).

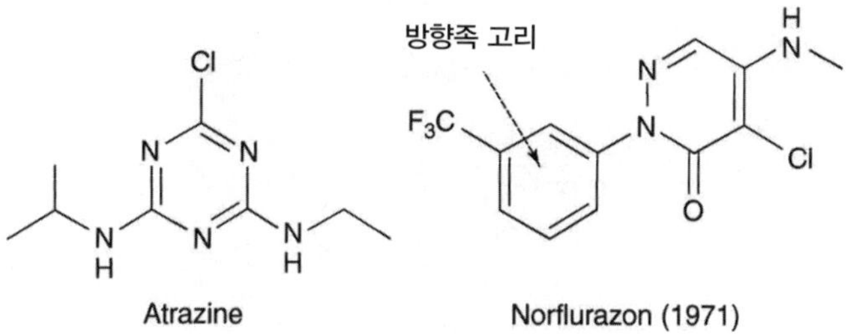

〈그림 72〉 기타 제초제(herbicides).

　제초제의 또 다른 유용한 효소 표적은 발린(valine), 류신(leucine), 및 아이소류신(isoleucine)과 같은 아미노산 생합성의 핵심 효소인 아세토락테이트(acetolactate) 합성효소이다. 두 그룹의 제초제가 이 효소를 억제한다(그림 73). 설푸론(sulfurons)은 1980년대와 1990년대에 개발되었으며, 클로르설푸론(chlorsulfuron)을 포함한다. 이들 제제는 매우 강력한 것으로 입증되었다. 예를 들어, 1에이커 대지를 처리하는 데 단지 1온스의 클로르설푸론(Glean)을 필요로 한다. 보다 최근에는 카바존(carbazone)이 개발되었으며 프로폭시카바존-나트륨(propoxycarbazone-sodium)을 포함한다.

　다른 표적들에 작용하는 상업적으로 이용가능한 몇 가지 다른 제초

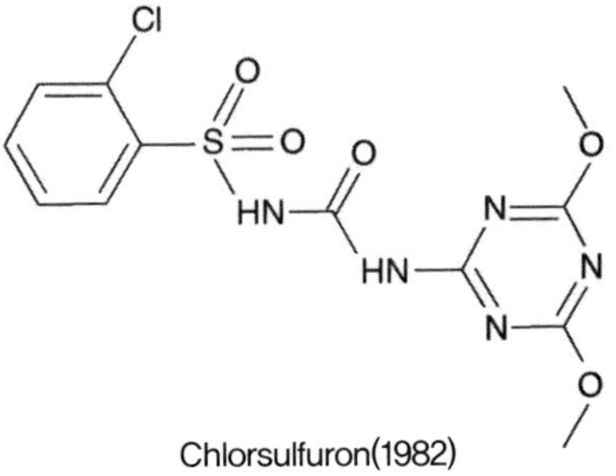

Chlorsulfuron(1982)

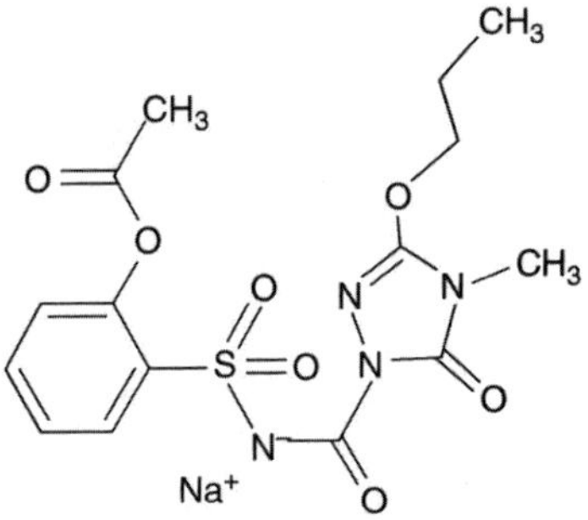

Propoxycarbazone–sodium(2001)

〈그림 73〉 아세토락테이트 신타제 억제제(acetolactate synthase inhibitors)의 예.

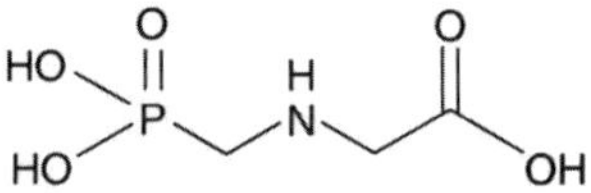

〈그림 74〉 글리포세이트(glyphosate).

제가 있다. 한 예는 정원용 제초제 라운드업(Roundup)에 사용되는 글리포세이트(glyphosate)이다(그림 74). 이 제제는 페닐알라닌(phenylalanine)의 생합성에 관여하는 효소를 억제한다. 글리포세이트는 잡초에 대해 선택적인데, 사람과 동물은 페닐알라닌을 이들의 식단에서 얻고 자체 합성하지 않기 때문이다. 다시 말해서, 이 표적 효소는 포유류 세포에 존재하지 않는다.

제7장

감각의 화학

The chemistry of the senses

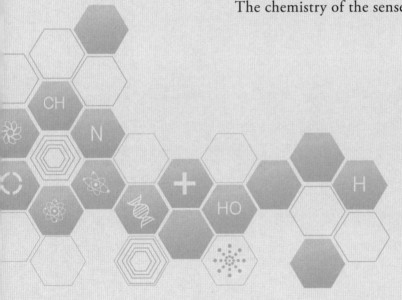

자연적으로 발생하는 유기 분자는 우리가 다양한 시각, 미각, 및 후각을 통해 세상을 인식하는 방식에 있어 중요한 역할을 한다. 또한 많은 합성 유기 분자가 색, 맛 그리고 향을 갖도록 설계되어, 식품 및 화장품 산업에서 중요하다.

시각의 화학(The chemistry of vision)

  11-시스-레티날(11-*cis*-retinal)이라 부르는 자연 발생 유기화합물은 인간의 눈에 있는 간상세포가 가시광선을 감지하는 메커니즘에 매우 중요하다(그림 75). 이 화합물은 일련의 단일결합과 이중결합을 교대로 갖고 있는 구조를 포함하는데, 이는 공액계(conjugate system)로 알려져 있다. 시스(*cis*)로 정의된(제2장 참조) 하나의 알켄 그룹을 포함하여 총 6개의 이중결합이 관련되어 있다. 이것은 사슬의 뒤틀림(kink)을 만든다. 측쇄 끝에 있는 반응성 알데하이드 그룹에 의해 화학반응이 일어나 레

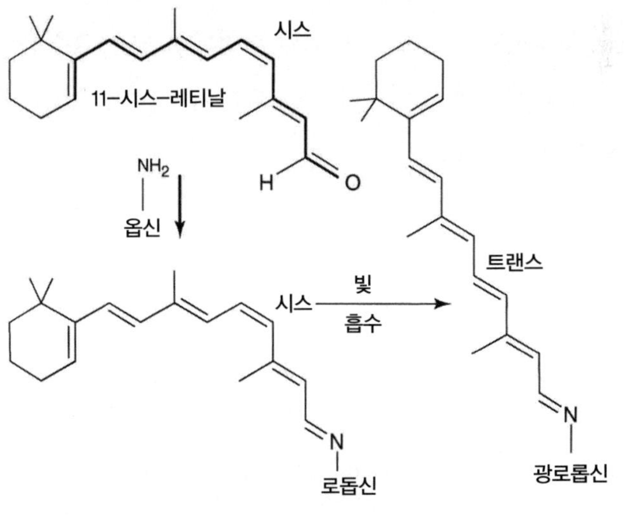

〈그림 75〉 시각 처리과정에서 레티날(retinal)의 역할.

티날과 옵신(opsin)이라는 단백질 사이에 공유결합이 형성되어 로돕신 (rhodopsin)이라는 변형된 단백질이 생성된다. 레티날의 공액계는(발색단, chromophore로 정의) 빛을 흡수하고, 이는 시스-알켄을 트랜스-알켄으로 전환하게 만들어 분자 사슬을 곧게 만든다. 결과적으로 이는 단백질의 모양을 바꾸고 뇌로 전달되는 신경 신호를 작동시켜 그곳에서 빛으로 해석된다.

분자에 존재하는 공액계의 종류에 따라 흡수되는 빛의 특정한 파장이 결정된다. 일반적으로 공액(콘쥬게이션conjugation)이 길어질수록 흡수되는 빛의 파장이 상승한다. 예를 들어, 베타-카로틴(β-carotene, 그림 76) 은 당근의 주황색을 담당하는 분자이다. 11개의 이중 결합을 포함하는 공액계를 가지며, 스펙트럼의 파란색 영역의 빛을 흡수한다. 반사된 빛에 파란색 성분이 없기 때문에 그것은 빨간색으로 보인다. 제아잔틴 (Zeaxanthin)은 베타-카로틴과 구조가 매우 비슷하고, 옥수수의 노란색을 담당한다. 자연적으로 발생하는 다른 색소로는 라이코펜(lycopene)과 클로로필(chlorophyll)이 있다. 라이코펜은 청록색 빛을 흡수하고 토마토, 로즈 힙, 그리고 베리 열매의 붉은 색을 담당한다. 클로로필은 붉은 빛을 흡수하고 녹색을 띤다.

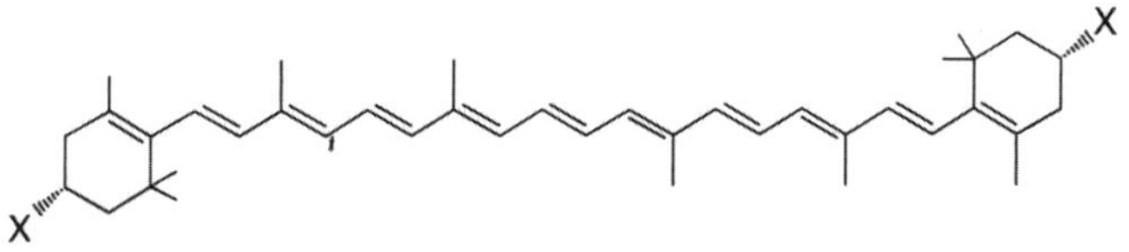

β-Carotene; X=H
Zeaxanthin; X=OH

〈그림 76〉 공액(콘쥬게이트) 시스템을 갖는 분자들의 예.

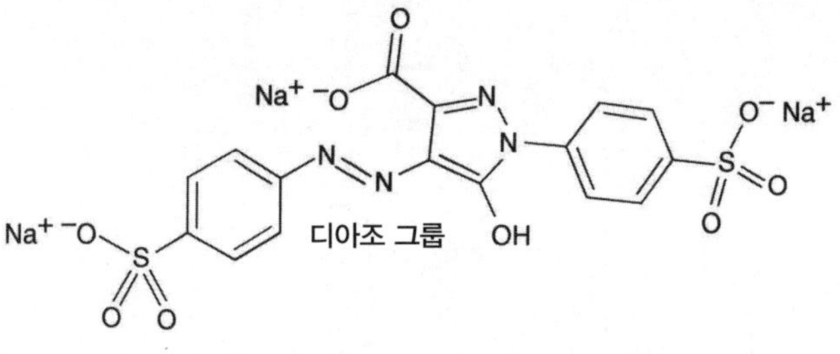

〈그림 77〉 타트라진(tartrazine)(E102).

공액계가 어떻게 빛을 흡수하는지에 대한 이해는 연구 화학자들이 색깔 있는 분자를 설계하고 합성할 수 있다는 것을 의미한다. 특히 공액계의 일부분으로 디아조(-N=N-) 작용기를 포함하는 일련의 염료가 중요하다. 그 예로는 황색 염료 타트라진(tartrazine, 그림 77)과 적색 염료인 스칼렛(scarlet GN)이 있다. 타트라진은 식품 착색제로 널리 사용되며 (E102), 또한 의약품, 비누, 향수, 치약, 샴푸, 및 보습제에도 존재한다. 스칼렛 GN은 식품의 적색 착색제로 승인된 적이 있지만(E125), 현재는 다른 착색제로 대체되었다. 최근 몇 년 동안 몇몇 염료가 식품 착색제로 금지되었지만, 일부 국가에서는 불법적으로 사용되어 왔다. 예를 들어, 로다민(rhodamine B)은 식품 염료로 사용이 금지되었지만, 2013년에 인도에서 테스트한 제과 샘플에서 발견되었다. 또한 염료는 플라스틱, 종이, 의류, 및 페인트와 같은 제조품을 착색하는 데 중요하다. 예를 들어, 이러한 목적으로 사용되는 디아조 염료 중 하나는 비스마르크 브라운(Bismarck Brown Y)이다.

인디고(Indigo, 그림 78)는 노란색 빛을 흡수하는 중요한 천연 염료이고 색상은 파란색이다. 식물에서 추출할 수 있지만 합성으로 생산하는

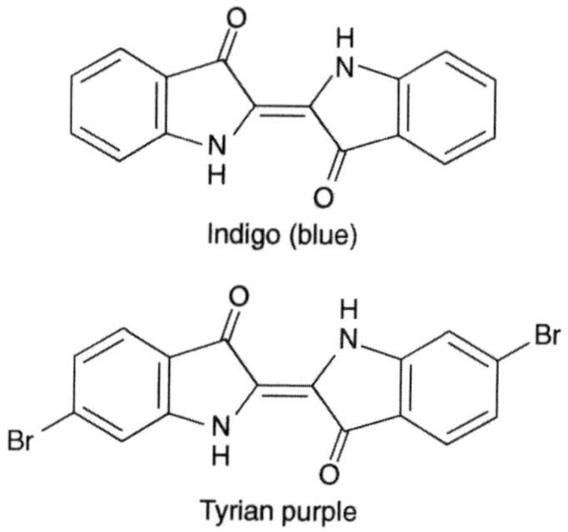

Indigo (blue)

Tyrian purple

〈그림 78〉 천연 염료.

것이 훨씬 저렴하다. 인디고는 오랜 역사를 갖고 있으며 고대 마야 문
명에서 사용되었다. 그것은 또한 중요한 정치적 경제적 역사도 갖고 있
다. 인디고는 19세기 말 인도의 주요 작물이었지만, 인도 농부들에게
지불되는 가격에 대한 분쟁으로 인해 마하트마 간디(Mahatma Gandhi)가
비폭력 시민 불복종 운동을 제안하기에 이르렀다. 이 사건은 간디가 인
도 민족주의 지도자로 자리매김하는 데 기여했다. 이 에피소드로 인한
불안과 혼란은 또한 화학자들이 인디고의 합성 공정을 설계하도록 고
무했으며, 바스프(BASF)는 1897년에 염료를 생산하기 위한 산업적 공
장을 설립했다. 이것이 합성 화합물을 생산한 최초의 산업용 공장이었
다고 주장되고 있다. 1910년에 이르러, 유럽에서 사용되는 인디고는
모두 합성이었고 인도로부터의 수입은 중단되었다.

티리안 퍼플(Tyrian purple, 그림 78)은, 구조가 인디고와 매우 흡사하고
바다 달팽이에서 추출할 수 있는 또 다른 천연 염료이다. 이 염료는 로

마 시대에 황제와 원로원 의원들의 의복을 채색하는 데 사용되었다. 티리안 퍼플과 같은 염료는 매우 비쌌고 부자와 권력자만이 구입할 수 있었다. 19세기에 값싼 합성 염료가 등장하고 나서야 모든 사람이 다양한 색상의 옷을 살 수 있게 되었다.

색깔 있는 분자에 대한 연구는 여전히 진행되고 있다. 예일(Yale) 대학교의 한 연구팀은 공룡의 색깔을 알아내기 위해 화석을 조사했다. 멜라닌(melanin)이라고 불리는 유기 화합물이 이 연구에서 중요한 역할을 했다. 멜라닌은 머리카락, 피부, 깃털, 그리고 털에서 발견되는 색깔을 결정하는 색소이다. 현재 동물들을 대상으로 한 연구는 이 색소가 멜라노좀(melanosome)이라고 불리는 세포내 작은 용기 안에 저장되어 있다는 것을 보여주었다. 이들 '세포 잉크 포트(cellular ink pots)'는 주사전자현미경(SEM)을 사용하여 화석에서도 관찰되었고, 이는 화석이 어떤 색을 가지고 있었는지에 대한 단서를 제공한다. 소시지 모양의 멜라노좀은 일반적으로 어두운 갈색 또는 검은색인 유멜라닌(eumelanin)이라고 불리는 분자를 포함하는데, 한편 구형의 멜라노좀은 붉은색의 페오멜라닌(pheomelanin)을 포함한다. 현세 조류의 멜라노좀 모양을 연구하고 이를 조류의 실제 색깔과 비교함으로써, 깃털 달린 공룡의 색깔 패턴을 제안할 수 있었다. 다른 화석 연구는 1억 6천만 년 동안 잔존해 온 유멜라닌을 발견했다.

많은 색깔을 가진 분자가 유용한 약효를 갖고 있다. 예를 들어, 프론토실(prontosil)이라는 염료가 항균성을 갖고 있는 것으로 밝혀졌고, 이를 계기로 1930년대에 설폰아마이드(sulphonamide)가 발견되었다. 또 다른 예로는, 국소 항균제로 사용된 프로플라빈(proflavine)이 있다. 보다 최근에는, 메틸렌블루(methylene blue)라는 염료를 사용하여 미생물 세포를 죽일 수 있다는 것이 밝혀졌다. 메틸렌블루는 보통 독성이 없지만,

빛에 노출되면 광감제(photosensitizing agent)가 된다. 이것은 세포에 치명적인 것으로 판명된 활성산소 종이 생성되도록 한다. 세균 감염을 치료하기 위해 메틸렌블루와 빛을 사용하는 것이 광역학치료법(photodynamic therapy)으로 알려져 있는 접근이다. 메틸렌블루는 세균 세포에 의해 더 빨리 흡수되므로 사람의 세포보다 세균 세포를 죽이는 데 매우 선택적이다. 메틸렌블루는 양전하를 함유하고 있으며, 포유류의 세포에 비해 표면에 높은 음전하를 띤 세균 세포에 끌린다. 빛에 노출될 수 있는 표면 감염에는 이 치료법이 가장 효과가 좋다. 또한 광역학치료법은 1980년대부터 일부 암을 치료하는 데에도 사용되었다.

염료는 광자(photon)가 염료 분자에 부딪힐 때 전자가 생성되는 원리로 작동하는 염료 감응형 태양 전지(dye-sensitized solar cells, DSSCs)의 생산에도 고려되고 있다. DSSCs는 실리콘을 기반으로 한 태양 전지에 비해 잠재적인 이점을 제공한다. 이들은 다양한 빛 조건에서 작동할 수 있고 밝은 태양을 필요로 하지 않다. 또한 이들은 인공 빛 또는 동시에 다른 방향에서 오는 빛으로도 잘 작동한다. 이는 DSSCs가 잠재적으로 기존의 태양 전지보다 더 많은 양의 에너지를 생산할 수 있다는 것을 의미한다. 이 전지들은 낮은 강도의 빛에서 잘 작동하기 때문에, 실내 빛을 수확함으로써 소형 전자 장치에 전력을 공급하는 데 사용될 수 있다. 최근 라스베가스에 있는 MGM 그랜드 호텔(Grand Hotel)은 객실 커튼을 DSSCs로 작동되는 원격 조정식 전기 블라인드로 대체했다.

빛에 민감한 분자는 새들이 수천 마일을 정확하게 이동하고 항해하는 능력에 영향을 준다고 여겨지고 있다. 예를 들어, 큰뒷부리도요는 매년 가을 시베리아에서 뉴질랜드까지 10,000km를 날아가고, 날아간 경로를 벗어나더라도 비행을 수정할 수 있다. 새들의 항해 능력은 빛에 의존하기 때문에 지구의 자기장 선을 시각적으로 감지할 수 있다고 생각된다. 경도를 측정하는 능력을 담당할 수 있는 크립토크롬(crypto-chromes)이라고 불리는 광수용체 단백질이 발견되었다. 하지만 이들 분자가 자기장을 감지하는 메커니즘은 아직 밝혀지지 않았다. 마그네타이트(자철석) 또한 방향 찾기에 관여하며 위도를 결정하는 데 역할을 할지 모른다. 이 연구를 기반으로 지구 자기장과 비슷한 강도의 약한 자기장에도 반응할 수 있는 합성 분자가 설계되었다. 이것은 고도로 공액화된 카로티노이드(carotenoid), 폴피린(porphyrin) 및 풀러렌(fullerene)으로 구성되어 있다(그림 79).

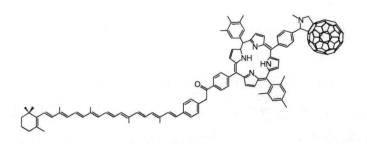

〈그림 79〉 자장을 감지하도록 설계된 합성 분자.

냄새의 화학(The chemistry of scent)

냄새 분자는 코 안의 후각 수용체와 상호작용한다. 이들 수용체 단백질이 1991년 리처드 액셀(Richard Axel)과 린다 벅(Linda Buck)에 의해 확인되었고, 2004년 노벨 생리의학상을 안겨주었다. 냄새 분자는 향수, 비누, 치약, 세제 등 다양한 종류의 화장품과 생활용품을 생산하는 데 중요하다. 향기로 사용되는 유기 분자의 예로는 시스-자스몬(*cis*-jasmone, 자스민 꽃에서 추출한 것)과 장미 향을 담당하는 다마세논(damascenone)이 있다. 무스콘(muscone)은 향수에 머스크 향을 제공하기 위해 사용되며, 한편 시트랄(citral)은 레몬 향을 가지고 있다. 카이랄 분자의 두 거울상이성질체는 때때로 다른 향을 가지고 있다. 예를 들어, 리모넨(limonene)의 *R*-거울상이성질체는 오렌지 향을, *S*-거울상이성질체는 레몬 향이 난다. 카르본(carvone)의 거울상이성질체 중 하나는 스피어민트 냄새가 나고, 다른 하나는 캐러웨이(caraway) 냄새가 난다.

냄새 분자는 자연계에서 중요한 역할을 한다. 예를 들어, 곤충은 잠재적인 짝의 성(sex) 유인물질 또는 화학적 경보 신호(chemical alarm signals)로 작용하는 페로몬(pheromone)을 내뿜는다. 매우 다양한 페로몬 구조가 있으며, 그들은 매우 강력하다. 어떤 것은 2×10^{-12}g 정도의 낮은 레벨에서 효과적이다. 페로몬은 이와 같이 매우 적은 양으로 존재하기 때문에, 자연에서 페로몬을 추출하는 것은 엄청난 작업이 될 것이다. 예를 들어, 1.5mg의 성 페로몬 세리코닌(serricornin)을 추출하려면 65,000마리 암컷 담배 딱정벌레(cigarette beetle)가 필요하다(그림 80). 다

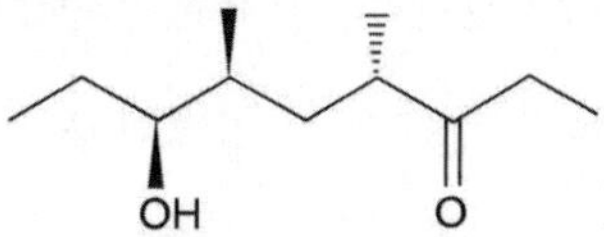

Serricomin
(담배 딱정벌레)

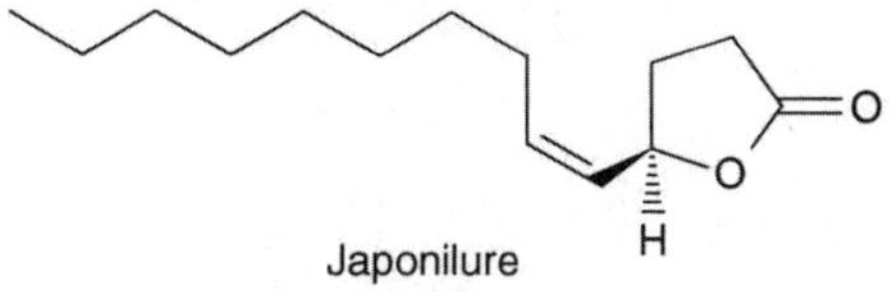

Japonilure
(알풍뎅이)

〈그림 80〉 페로몬(pheromone)의 예.

행히, 대부분의 페로몬은 실험실에서 비교적 쉽게 합성될 수 있다. 한 가지 상업적 용도는 파괴적인 곤충을 제거하기 위해 덫에 페로몬을 사용하는 것이다. 예를 들어, 딱정벌레를 잡기 위해 자포닐루어(Japonilure)가 시판되었다. 수천 마리의 곤충을 잡기 위해 단지 25mg을 필요로 한다. 또한 페로몬은 볼 바구미, 파리, 흰개미, 및 과일 나방을 가두는 데 사용되었다.

식물과 포유동물 역시 페로몬을 갖고 있다. 예를 들어, 안드로스테논(androstenone)은 돼지−스테로이드(pig-steroid) 페로몬으로서 수용적인 암퇘지가 성행위 자세를 취하게 만든다. 페로몬은 스프레이 형태로 상업적으로 이용 가능한데, 농부들이 암퇘지의 코에 분무한다. 이것은 인공 수정이 더 쉽게 이루어질 수 있도록 한다. 페로몬은 빠르게 작용할 수 있다. 곤충의 성 유인물과 알람 페로몬(alarm pheromone)은 매우 휘발성이 높고 즉각적인 반응을 보인다. 트레일 페로몬(trail pheromone)은 벌, 개미, 말벌, 그리고 흰개미가 먹이 자원을 표시하기 위해 사용된다. 그들은 휘발성이 덜하지만 더 오래 지속된다. 일부 페로몬은 더 느리게 작용하고 더 오랜 기간 효과를 갖는다. 여왕벌 물질(Queen bee substance)은 여왕벌에 의해 생산되고, 일벌의 난소 발달을 막는다. 그러므로 여왕벌만이 알을 생산한다. 여왕벌이 죽으면, 페로몬의 부족이 일벌들로 하여금 새로운 여왕벌을 기르기 위해 꿀벌 유충에게 로열 젤리를 먹이도록 고무한다.

페로몬들이 자연계에서 중요한 유일한 냄새 분자는 아니다. 예를 들어, 꽃은 꿀벌을 유인하기 위해 냄새를 사용하고, 연체동물은 냄새를 감지하여 포식자인 불가사리로부터 벗어날 수 있다. 반면 일부 포식자는 냄새로 먹이를 감지한다. 예를 들어, 코들링(codling) 나방 애벌레는 사과 껍질에서 방출되는 화학 물질을 감지한다. 일부 자연의 냄새는 기피제 역할을 한다. 예를 들어, 최근 연구는 황금무당거미(golden orb spiders)가 개미 기피제(ant repellent)를 생산한다고 밝혔는데, 이는 새로운 방충제의 디자인으로 인도할 수 있었다. 스컹크(skunk)는 위험에 처했을 때 불쾌한 냄새가 나는 티올(thiol) 화합물을 내뿜는다(그림 81). 이러한 티올 화합물은 상업적 용도를 갖고 있다. 천연가스는 냄새가 나지 않기 때문에 가스 누출을 감지하기 위해 삼차-부틸 티올(tert-butyl thiol)을 미량 첨가한다. 이 화학물질의 냄새는 매우 강력해서 천연가스의 단

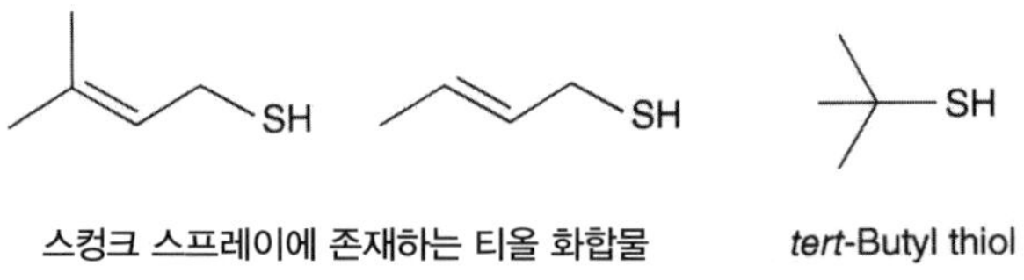

스컹크 스프레이에 존재하는 티올 화합물   *tert*-Butyl thiol

〈그림 81〉 악취나는 티올(thiol) 화합물의 예.

지 50,000,000,000파트당 1파트만큼 존재한다.

분명히, 냄새 분자는 향수, 화장품, 비누, 세제, 방향제에서 상업적으로 중요하다. 향수를 디자인하는 것은 과학이기 보다는 예술이다. 왜냐하면 향수는 여러 가지 향기 분자를 조합하여 관련된 개별 분자의 향과는 상당히 다른 독특한 향을 만들어내기 때문이다. 이것은 자연계에서도 마찬가지이다. 장미의 천연 향은 주로 2-페닐에탄올(2-phenylethanol), 제라니올(geraniol), 시트로넬롤(citronellol)에 기인한다. 그러나 다마스콘(damascone)과 같은 분자는 각 장미의 향에 미묘한 영향을 미친다. 많은 향기 분자는 자연계에서 수집될 수 있지만, 종종 그것들을 합성하는 것이 더 쉽고 생태학적으로 더 우호적이다. 예를 들어, 꽃에 존재하는 일부 향은 너무 적은 양으로 존재하기 때문에 그것들을 추출하기 위해서 수톤의 꽃을 재배해야 한다.

합성화학은 새로운 향기 분자를 만들 수도 있다. 예를 들어, 샤넬 5번(Chanel No 5)은 자연계에는 없는 향을 가진 긴 사슬의 지방족 알데하이드(aliphatic aldehyde)를 함유하고 있다. 화학은 향이 얼마나 오래 지속되는지도 좌우할 수 있다. 예를 들어, 휘발성이 높은 알데하이드는 너무 빨리 휘발할 것이다. 알데하이드와 아민을 결합하면 이민(imine)을 생성하는데, 이는 휘발성이 낮고, 서서히 가수분해하여 오랜 기간 동안 향을 내는 알데하이드를 방출한다(그림 82).

향수와 화장품에 사용되는 일부 화학 물질은 예민한 개인에게 알레르기를 일으킬 수 있다. 이들은 리모넨(limonene), 오크 이끼(oak moss), 유제놀(eugenol, 정향과 향신료에 포함됨)을 포함한다. 리모넨은 감귤류에서 자연적으로 발생하며, 높은 고도에서 오렌지를 먹으면 스키어와 산악인들이 화장품의 리모넨에 민감해질 수 있다는 것이 발견되었다. 북미인들은 흔히 포이즌 아이비(덩굴옻나무)에 있는 우루시올(urushiol)에

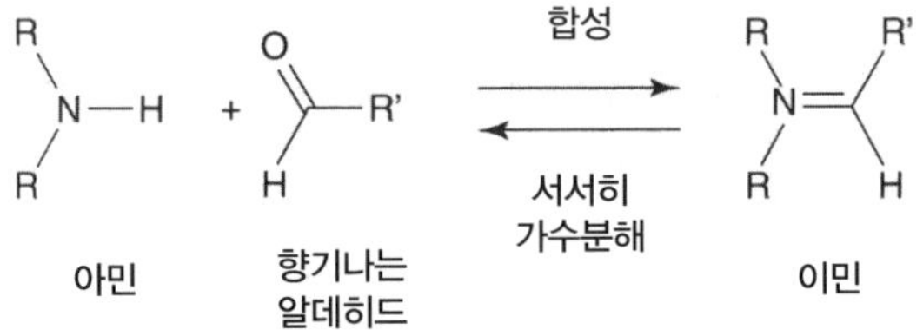

〈그림 82〉 휘발성 방향 알데하이드 화합물의 서방 특성.

대해 민감반응(sensitization)을 경험한다. 불행하게도 우루시올은 아시아에서 사용되는 옻칠을 한 변기 시트에 종종 존재하는데, 이는 일부 미국인 관광객들에게 불운한 결과를 가져올 수 있다.

현재 많은 연구 프로젝트가 휘발성 분자를 포함하고 있다. 예를 들어, 모기가 어떻게 먹이를 '냄새 맡는지' 이해하는 것은 말라리아와 뎅기 바이러스 열병과 같은 모기-매개 질병을 퇴치하는 데 유용할 수 있다. 이산화탄소는 모기의 주요 유인 물질이지만 다양한 채취가 영향을 미친다. 어떤 화학물질은 화학 유인 물질을 가리는(mask) 것으로 보이며 표준 모기 기피제인 DEET(디트)의 대안이 될 수 있다. 몇몇 식물이 모기를 유인하는 것으로 나타났으며, 이를 담당하는 화학물질(예: 리날룰 옥사이드 linalool oxide)이 모기 덫으로 사용되었다. 대안적으로, 모기를 마을에서 몰아내기 위해 이 식물을 아프리카 마을 주변에 재배할 수 있을 것이다.

휘발성 화학물질을 감지하는 센서의 설계에 대한 연구가 진행되고 있다. 이러한 '전자 코(electronic nose)'는 생산 공장의 화학물질 누출을 감지하고, 음식의 품질을 모니터링하거나, 또는 약물이나 폭발물을 감지하는 데 사용될 수 있다. 센서는 지진이나 눈사태의 생존자를 감지하거나, 시체와 비밀 무덤을 찾기 위해 개발되고 있다. 시신에서 방출되는 휘발성 유기화합물은 분해의 단계에 따라 다르기 때문에, 센서는 사람이 사망한 지 얼마나 오래되었는지를 결정하는 데에도 이용될 수 있다. 박테리아는 휘발성 분자를 방출하고, 이것을 감지하는 것은 어떤 박테리아 균주가 감염을 유발하는지를 식별하는 유용한 방법이 될 수 있다. 이것이 신뢰할 수 있다는 것이 증명된다면, 감염을 식별하는 데 걸리는 시간을 단축하고, 이를 치료할 수 있는 최고의 항균제를 제공할 수 있다.

마지막으로, 독일 울름(Ulm) 대학의 루카 투린(Luca Turin)은 후각 수용체 단백질에 의해 냄새 분자가 감지되는 메커니즘에 관한 새로운 이론을 제안했다. 일반적으로, 분자는 그 모양과 결합 상호작용 때문에 수용체를 활성화한다. 투린은 결합의 진동이 더 중요할 수 있다고 제안했다. 투린의 이론은 다른 구조를 가진 분자가 왜 비슷한 냄새를 내는지 설명하는 데 도움이 될 수 있다. 예를 들어, 시안화물과 벤즈알데하이드는 둘 다 쌉쌀한 아몬드 냄새가 난다. 또한 이 이론은 유사해 보이는 분자가 그 냄새에서 상당한 차이를 갖는 이유를 설명할 수 있다. 반면에, 비평가들은 인간에게 약 400개의 다른 후각 단백질 수용체가 있고, 다른 수용체가 특정 분자에 의해 활성화되는 더 복잡한 생물학적 과정이 관련되어 있을 수 있다고 지적했다. 다음 뇌는 특정 냄새를 감지하기 위해 이들 상호작용으로부터 받은 신호의 패턴을 해석한다.

미각의 화학(The chemistry of taste)

맛의 감각은 혀의 미각 수용체와 상호작용하는 유기 분자에 의해 발생한다. 다른 유기 화합물들이 다른 맛을 가질 수 있고, 식품 산업에서 향미를 증진시키기 위해 사용될 수 있다. 많은 천연 화합물들이 이와 같이 사용된다. 예를 들어, 카르본(carvone)은 민트향을 내기 위해 스피어민트 츄잉 껌이나 치약에 사용된다. 다른 향미료는 스피어민트 오일의 멘톨(menthol), 바닐라의 바닐린(vanillin), 그리고 아몬드의 벤즈알데하이드(benzaldehyde)가 있다.

합성 향료는 일반적으로 천연 화합물이 아닌 것으로 추정되지만 반드시 그렇지는 않다. 바닐린과 같은 몇 가지 천연 향료가 실험실에서 더 편리하게 합성된다.

합성 향미료의 가장 큰 시장 중 하나는 사카린(saccharin)과 아스파탐(aspartame)과 같은 인공 감미료인데(그림 83) − 50억 파운드 가치가 있는 시장이다. 인공 감미료는 비만과 당뇨병의 문제를 해결하기 위해 설탕(수크로스sucrose)의 저칼로리 대체제로 도입되었다. 이것들은 설탕보다 더 강하고, 낮은 농도에서 맛을 낼 수 있지만, 그렇다고 이들이 설탕에서 경험했던 것과 같은 종류의 달콤한 맛을 가지고 있다는 것을 의미하지 않는다. 사카린은 최초의 합성 감미료였고, 설탕 부족 때문에 제1차 세계 대전 동안 사용되었다. 그것은 수크로스보다 300배 더 강력하다. 시클라메이트(cyclamate)는 1937년에 발견되었고, 사카린과 결합하면 더 좋은 맛을 낸다. 아스파탐, 수크랄로스(sucralose), 그리고 네

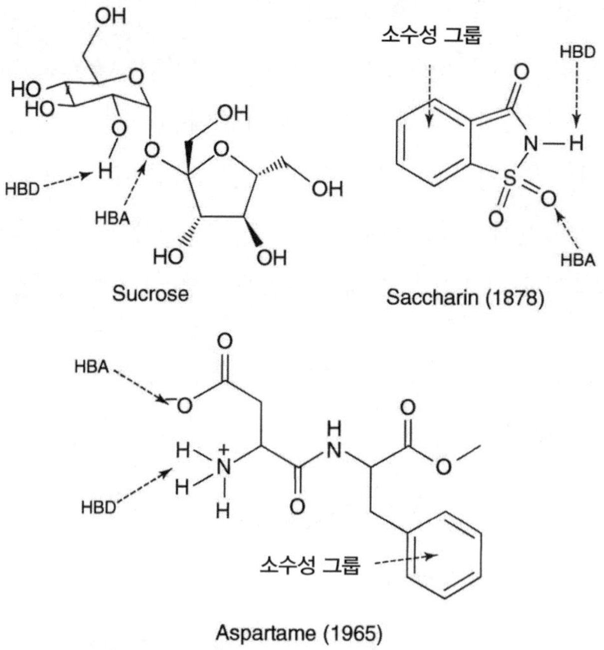

Sucrose

Saccharin (1878)

소수성 그룹

HBD

HBD

HBA

HBA

소수성 그룹

Aspartame (1965)

〈그림 83〉 합성 감미료의 예.

오탐(neotame)이 그 뒤를 이었다. 아스파탐은 두 가지 천연 아미노산(아스팔트산과 페닐알라닌)으로부터 만들어지고, 오늘날 가장 일반적으로 사용되는 인공 감미료이다. 이것은 설탕보다 200배 더 강하고, 다른 감미료와 결합하면 수크로스와 비슷한 맛을 낼 수 있다.

수크로스, 사카린 및 아스파탐은 구조가 매우 다르므로, 이들 모두가 단맛을 내야 하는 이유는 분명하지 않다. 그런데 세 가지 화합물 모두 수소결합주개(hydrogen bond donor, HBD) 역할을 할 수 있는 수소원자와 수소결합받개(hydrogen bond acceptor, HBA) 역할을 할 수 있는 산소원자가 약 3Å(0.3 nm) 정도 떨어져 있다. 이들 그룹이 단맛 수용체와 유사한 수소결합을 형성하는 것으로 제안되었다.

이 이론의 연장선상에 있는 것이 '단맛 삼각형(sweetness triangle)'이다 (그림 84). 이 삼각형은 수용체 결합 부위 내에서 3개의 주요 결합 영역을 정의한다. 이들 영역 중 2개는 수소 결합을 형성하고, 3번째 영역은 소수성을 띠며 반데르발스 상호작용을 형성한다. 세 가지 영역 모두와 동시에 상호작용할 수 있는 분자가 달콤한 맛을 낼 가능성이 높다.

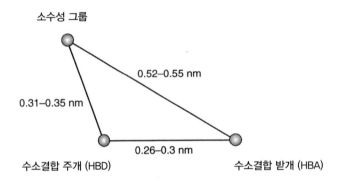

〈그림 84〉 단맛 삼각형(sweetness triangle).

인공 감미료의 안전성에 대한 다양한 공개적인 논쟁이 있었다. 시클라메이트(cyclamate)는 잠재적인 발암 효과에 대한 우려로 1969년 미국에서 금지되었지만, 유럽 식품안전청(European Food Safety Agency, EFSA)에 의해 승인되었다. 사카린의 안전성에 대한 의문은 1971년부터 FDA가 마침내 안전하다고 선언한 2001년까지 지속되었다. 아스파탐 또한 불확실한 독물학적 실험에 근거하여 많은 소비자 단체에 의해 안전하지 않은 것으로 낙인 찍혔다. 사실, EFSA는 2013년에 아스파탐이 건강에 문제가 없다는 면죄부를 주었다.

인공 감미료에 대한 논쟁 때문에, 몇몇 식품 및 음료 회사들은 천연 저칼로리 감미료 제품을 생산하기 시작했다. 예를 들어, 코카콜라 라이프(Coca Cola Life)는 남미 관목의 잎에서 추출한 스테비올 글리코사이드(steviol glycosides)라고 불리는 천연 감미료를 함유하고 있다. 이는 설탕의 함량을 일반 콜라에 들어있는 것의 37%로 낮추도록 만들었다. 스테비올 글리코사이드 가운데 가장 강력한 것은 레바우디오사이드(rebau-dioside A)라고 불린다. 에리트리톨(erythritol)이라는 또 다른 감미료가 수크로스에 더 가까운 맛을 내기 위해 함께 첨가된다. 모그로사이드(mo-grosides)는 남동 아시아에서 발견되는 나한과(monk fruit)에서 추출한, 천연 감미료의 또 다른 그룹이다. 이것들 중 가장 달콤한 것이 모그로사이드 A 또는 에르고사이드(ergoside)이다.

여러 식물성 단백질들 또한 천연 감미료인 것으로 알려졌다. 타우마틴(thaumatin), 브라제인(brazzein), 펜타딘(pentadin), 미라쿨린(miraculin) 등이 그것이다. 미라쿨린은 서아프리카 식물 베리의 하나인 기적의 열매(miracle fruit)에서 추출한 단백질로, 신맛이 나는 음식에 단맛을 내는 데 탁월한 능력이 있다. 미라쿨린은 단맛 수용체에 1시간 정도 단단히 결합하지만, 그것을 활성화시키지는 못한다. 그 기간 동안 신맛이 나는 산성의 음식을 먹으면, 입 안의 pH가 떨어지면서 결합된 미라쿨린의 모양이 변하게 만든다. 이렇게 함으로써, 단맛 수용체를 활성화시키고, 평소에 느끼는 신맛을 씻어낸다. 미라쿨린은 일본에서 식품 첨가제로 승인되어 있지만, 유럽이나 미국에서는 승인되어 있지 않다.

단맛 수용체의 구조는 2001년에 밝혀졌는데, 두 개의 막−결합 단백질로 이루어져 있다. 당과 결합하는 단백질 이량체의 일부분은, 당과 결합할 때 그 모양이 변하는 방식 때문에, '비너스 플라이 트랩(Venus fly trap)'(파리 지옥) 도메인이라고 불린다. 단맛 수용체는 장(intestine)에서도 발견되었는데, 혈액 속으로의 당 흡수를 조절한다. 이들은 천연 감미료와 인공 감미료 모두에 반응할 것이고, 이것은 왜 저열량 감미료가 사람들의 체중 감량을 돕지 못하는지 설명할 수 있다. 현재 다이어트에 대한 대안적인 접근법이 고려되고 있는데, 이에 따르면 분자가 단맛 수용체를 억제하도록 설계되었다.

미각 척도(taste scale)의 반대쪽 극단에는 고약한 맛을 내는 분자들이 있다. 이것들 역시 상업적인 용도를 가지고 있다. 예를 들어, 적절하게 이름 지어진 비트렉스(Bitrex)가, 아이들이 그것들을 마시는 것을 막기 위해, 화장실 세정제와 같은 독성이 있는 가정용품에 첨가된다. 고약한 맛의 화학물질은 동물과 곤충을 막기 위해 식물에 의해서도 만들어진다. 니코틴은 담배 식물에 대해 이와 같은 역할을 한다.

제8장

폴리머, 플라스틱 및 섬유

Polymers, plastics, and textiles

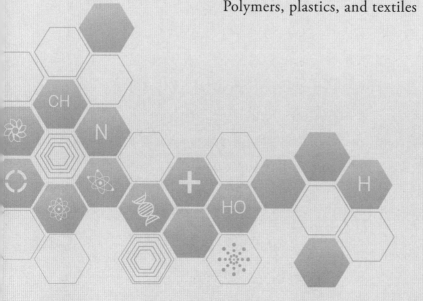

지난 50년 동안, 합성 소재는 목재, 가죽, 양모, 그리고 면과 같은 천연소재를 대체했다. 플라스틱으로 대변되는 폴리머(고분자)는 아마도 유기화학이 사회를 어떻게 변화시켰는지를 보여주는 가장 눈에 띄는 표식일 것이다. 폴리머의 초창기 예로서, 셀룰로이드는 1856년에 발명되었고, 당구공, 피아노 건반 및 초기 영화 필름을 생산하는 데 사용되었다. 1891년, 최초의 합성섬유(레이온)는 루이 샤르도네(Louis Chardonnet)가 니트로셀룰로오스(nitrocellulose)를 쏟았을 때 실크와 같은 가닥이 형성되는 것을 관찰하면서 우연히 발견되었다. 1917년, 영국의 해군 봉쇄에 대응하여 합성고무가 독일에서 합성되었다. 그러나 고분자 과학의 실제 폭발적 성장은 20세기 후반에 일어났다. 2012년 세계 플라스틱의 생산은 2억 8천 8백만 톤이었고, 금세기 말까지 플라스틱 소비는 10억 톤이 될 수 있다고 추정된다. 가장 흔한 플라스틱은 폴리염화비닐(PVC), 폴리스티렌, 폴리에틸렌, 폴리프로필렌과 같은 폴리(알켄)이다.

중합(polymerization)은 분자 빌딩블록인 모노머(monomers)를 폴리머(polymer)라고 부르는 긴 분자 사슬로 연결하는 것이다(그림 85). 모노머의 성질을 달리함으로써 광범위하게 다른 성질을 갖는 수많은 다른 폴리머가 합성될 수 있다. 작은 분자 빌딩블록을 폴리머로 연결한다는 발상은 새로운 것이 아니다. 자연은 수백만 년 동안 아미노산 빌딩블록을 이용하여 단백질을 만들고, 뉴클레오타이드 빌딩블록을 이용하여 핵산을 만들어 왔다(제4장).

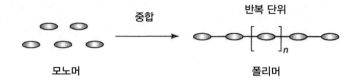

〈그림 85〉 중합.

과학자들이 이 과정을 모방하는 데 시간이 다소 더 걸렸다. 폴리머는 플라스틱, 합성 섬유, 건축 재료, 및 접착제와 같은 실용적인 용도를 발견했다. 예를 들어, 나일론, 폴리에스터, 및 폴리아크릴로니트릴은 일반적으로 의류에 사용된다. 의류에 사용되는 또 다른 폴리머에는 탄성을 가진 라이크라(Lycra)와 상업적으로 이용가능한 가장 강한 직물인 다이니마(Dyneema)가 있다.

폴리머(고분자)를 제조하는 데에는 두 가지 일반적인 접근 방식이 있다:

- 부가 고분자 (또는 사슬-성장 폴리머)
- 축합 고분자 (또는 단계-성장 폴리머)

부가 고분자는 알켄, 디엔, 그리고 에폭사이드와 같은 모노머로부터 형성된다. 성장하는 고분자 사슬의 끝에 각 모노머가 차례로 부가되고, 각각의 부가반응 결과로 어떤 원자도 손실되지 않는다. 예를 들어, 모노머가 알켄(alkenes)인 경우, 알켄의 모든 원자가 폴리머 사슬에 도입된다(그림 86). 그러나 결합 중 하나가 연결 과정에서 사용되었기 때문에 이중 결합은 더 이상 존재하지 않는다.

축합 반응에 의해 모노머가 반응하면 축합 고분자가 형성된다. 축합 반응은 물과 같은 작은 분자가 손실되는 반응이다. 예를 들어, 아민과

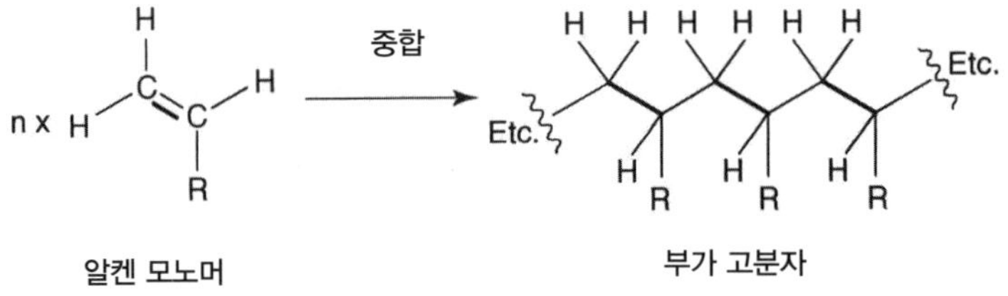

알켄 모노머   부가 고분자

〈그림 86〉 부가 중합의 예. 부가 고분자의 단량체를 강조하기 위해 굵은 선이 포함됨.

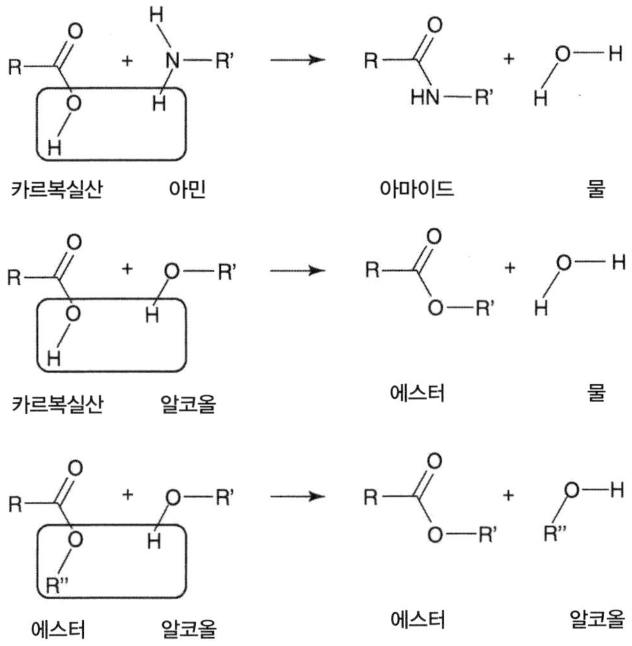

카르복실산   아민   아마이드   물

카르복실산   알코올   에스터   물

에스터   알코올   에스터   알코올

〈그림 87〉 중합에서 축합 반응의 예.

카르복실산이 반응하여 아마이드를 형성하는 것을 예로 들 수 있다. 또한 알코올과 카르복실산이 반응하여 에스터를 형성하는 것도 마찬가지이다. 알코올과 에스터가 반응하여 다른 에스터를 형성하는 것도 축합 반응으로 간주되지만, 이때는 물이 아닌 알코올이 손실된다(그림 87).

부가 고분자(Addition polymers)

　폴리텐(polythene)은 폴리에틸렌(polyethylene) 또는 폴리(에텐)로도 알려져 있다(그림 88). 이 고분자는 수중 전화선과 전신 케이블을 위한 전기 절연체로서 1930년대 ICI에 의해 처음 생산되었다. 제2차 세계 대전 동안 이것의 절연 특성은 레이더 세트를 영국 비행기에 장착하는 데 중요했다. 그러나 촉매가 발견되어 온화한 조건에서 중합반응이 가능하게 된 1953년까지 이 폴리머의 효율적인 합성은 완성되지 않았다. 수개월 후, 촉매가 폴리프로필렌[polypropylene, 또는 폴리프로펜(polypropene)]을 제조하는 데 사용되었다. 이 합성을 완벽하게 수행한 관련 과학자들이 1963년 노벨 화학상을 수상했다.

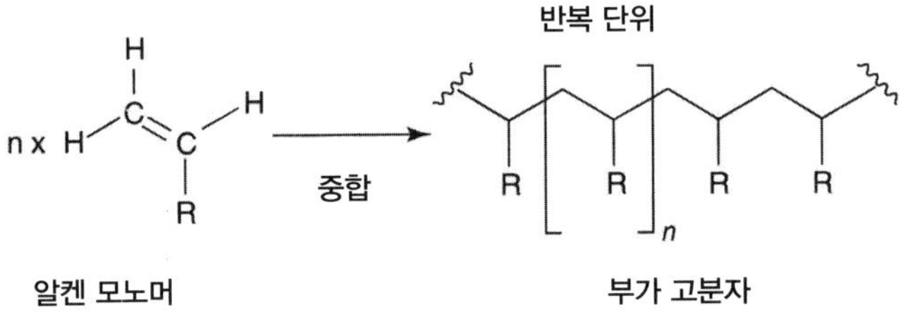

〈그림 88〉 부가 고분자(R=H, 폴리에틸렌; R=CH₃, 폴리프로필렌; R=Cl, PVC).

　폴리에틸렌과 달리, 폴리프로필렌은 고분자 사슬의 길이를 따라 치환기를 가지고 있다. 이 치환기들의 상대적인 입체화학이 고분자의 성질에 중요한 역할을 한다. 메틸기들이 입체적으로 모두 한쪽 방향을 가리키면, 고분자는 규칙적인 나선 구조를 형성하여 높은 섬유 강도를 만든다. 메틸기가 무작위로 배열되면, 그 고분자는 고무질이고 상업적으로 거의 유용하지 않다. 한편, 폴리에틸렌은 고분자 산업의 급속한 팽창을 촉발한 고분자였다.

알켄 모노머로부터 부가 고분자를 제조할 때, 이중 결합을 구성하는 결합 중 하나가 연결 과정에서 사용된다. 결과적으로, 생성된 폴리머는 이중 결합을 포함하지 않는 완전 포화 탄화수소 사슬이다. 에텐이 모노머일 때 최종 폴리머에는 치환기가 없다(R=H). 다른 알켄의 경우는, 규칙적으로 간격을 둔 치환기(R)가 존재하는데, 이들 치환기의 특성에 따라 최종 고분자 생성물의 물성이 결정된다. 예를 들어, 염화비닐(R=Cl) 모노머를 중합하면 폴리(염화비닐) (PVC)가 만들어지고, 플라스틱 병, 파이프 및 투명 식품포장에 사용된다. 매년 3,400만 톤의 PVC가 생산되어 세계에서 세 번째로 많이 생산되는 플라스틱으로 추정된다.

폴리머는 또한 두 개 또는 그 이상의 치환기를 포함하는 알켄으로부터 제조되었다. 예를 들어, 테프론(Teflon)은 테트라플루오로에텐(tetrafluoro-ethene)이라 불리는 기체로부터 제조된다(그림 89). 테프론은, 테트라플루오로에텐으로 가득 채워진 실린더의 밸브를 열었을 때 뜻밖에 가스

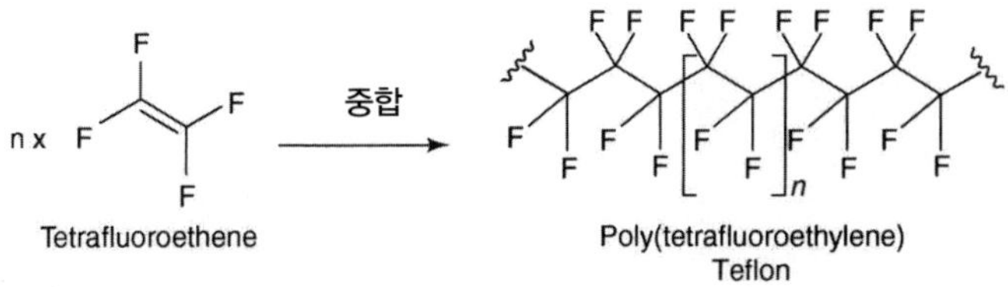

Tetrafluoroethene → 중합 → Poly(tetrafluoroethylene) Teflon

〈그림 89〉 테프론.

가 남아 있지 않은 것을 알게 된, 어느 과학자에 의해 처음으로 발견되었다. 흥미를 느낀 그는 실린더를 잘라내고, 그 내용물이 중합되어 ─용융되지 않고 테스트된 거의 모든 화학 물질에 대해 비활성인─ 폴리머가 생성되었다는 것을 발견했다. 테프론은 달라붙지 않는(non-stick) 프라이팬의 코팅에 사용된다.

이론적으로 중합은 가지(branch)가 없는 아주 긴 고분자 사슬을 만들어야 한다. 사실은 항상 그런 것은 아니다. 때로는 모노머가 폴리머 사슬을 따라 중간에 연결되어 가지를 만들기도 한다. 가지 구조는 중합체의 성질에서 중대한 변화를 야기할 수 있다. 가지가 없는 선형 사슬은 가지를 친 사슬보다 더 조밀하게 서로 패킹되고, 단단한 플라스틱을 만들 수 있다. 예를 들어, 가지 없는 폴리에틸렌은 인공 고관절에 사용될 수 있는 단단한 플라스틱이다. 이에 반해, 가지가 많은 폴리에틸렌은 쓰레기 봉투나 음식물 포장에 사용되는 유연한 플라스틱이다.

또한 부가 고분자는 산소 원자를 포함하는 3원 고리인 에폭사이드(epoxides)로부터 합성될 수 있다. 중합 과정은 각 모노머의 에폭사이드 고리를 열고, 그 산소 원자는 폴리머 주쇄에 도입되어 폴리에테르(polyether)를 만든다(그림 90). 이들 폴리머는 스킨케어 제품과 의약품, 그리고 식품 첨가물로 사용되고 있다.

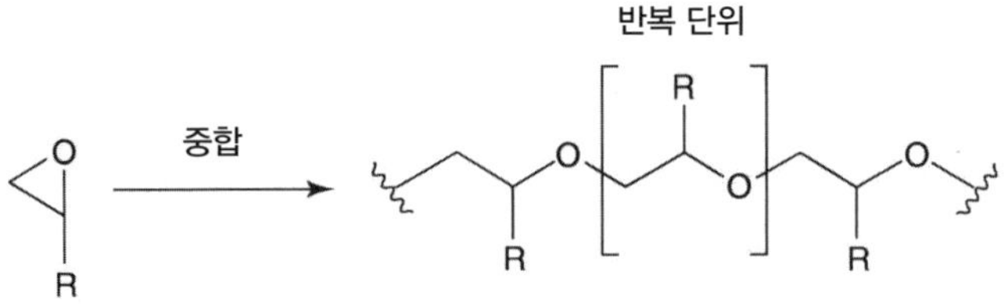

〈그림 90〉 에폭사이드 모노머의 부가 폴리머.

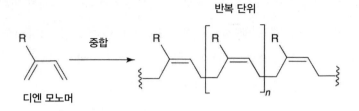

반복 단위

R

중합

R R R

디엔 모노머

n

〈그림 91〉 디엔 모노머의 폴리머.

디엔(diene) 작용기를 포함하는 모노머로부터 다양한 고무(rubbers)가 만들어진다(그림 91). 디엔은 두 개 알켄 그룹이 하나의 단결합으로 연결된 그룹이다. 이중 결합 중 하나는 중합 과정에서 사용되는 한편, 다른 하나는 위치를 이동한다. 원래의 합성 고무는(R=H) 메틸 치환기가 없다는 점에서 천연 고무(R=CH$_3$)와 다르다. 기타 합성 고무는 서로 다른 치환기를 갖고 있다. 예를 들어, 네오프렌(neoprene)은 염소 치환기를 포함하고, 잠수복이나 코팅 직물에 사용된다.

〈그림 91〉에서 합성된 고무들은 부드러운 경향이 있다. 자동차 타이어에 적합한 더 단단한 형태의 고무를 얻기 위해서는, 고무를 황(sulphur)과 함께 가열하는, 가황(*vulcanization*) 이라 부르는 공정을 수행해야 한다. 이 결과 폴리머 사슬은 이황화(disulfide) 가교 결합으로 단단하게 연결되면서도 아직 스트래칭이 가능하다. 가황 공정을 발명한 찰스 굿이어(Charles Goodyear)는 뜨거운 스토브에 고무와 황의 혼합물을 흘리면서 우연히 이 과정을 발견했다. 이황화 가교가 더 많이 존재할수록 고무는 더욱 더 단단해진다. 따라서 탄성 밴드의 고무는 자동차 타이어에 사용되는 고무에 비해 더 적은 수의 가교 결합을 갖고 있다.

코폴리머(copolymer, 공중합체) 라고 불리는 부가 고분자는 두 개 또는 그 이상의 다른 모노머로부터 합성될 수 있다. 모노머가 특정한 방식으로 도입되도록 중합을 제어하는 것도 가능하다. 예를 들어, 단량체가 교대(alternating) 또는 블록(block)으로 배열된 선형 폴리머를 만들 수 있다. 단일 유형의 모노머로 구성된 한 사슬이 다른 유형의 모노머로 구성된 두 번째 사슬에 그래프트(graft)된 폴리머 또한 만들 수 있다(그림 92).

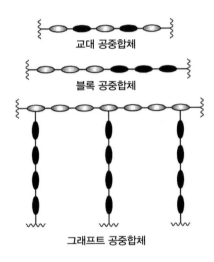

교대 공중합체

블록 공중합체

그래프트 공중합체

〈그림 92〉 코폴리머(공중합체).

코폴리머의 예로는 음식을 포장하는 플라스틱 필름으로 사용되는 사란(Saran); 식기세척기 사용가능 물품에 사용되는 스티렌-아크릴로니트릴 수지(SAN); 크래쉬(crash) 헬멧에 사용되는 아크릴로니트릴 부타디엔 스티렌(ABS); 그리고 이너 튜브 및 공기 주입식 스포츠 용품에 사용되는 부틸(butyl) 고무 등이 있다. 또한 약물 전달에 사용될 수 있는 나노용기(nanocontainers)를 합성하는 데에도 코폴리머가 연구되었다.

축합 고분자(Condensation polymers)

축합 중합을 위해서는 각 모노머에 두 개의 작용기가 있어야 한다. 자연계에서, 단백질 생합성은 아민과 카르복실산을 제공하는 각 아미노산 모노머의 축합 반응을 포함한다. 나일론의 합성 역시 아미노산 모노머를 포함할 수 있다(그림 93). 나일론은 1939년에 처음 소개되었으며 섬유, 카펫, 등산용 로프, 낚시줄 등에 사용되었다. 모노머의 사슬 길이를 변화시켜 다양한 종류의 나일론을 생산할 수 있다.

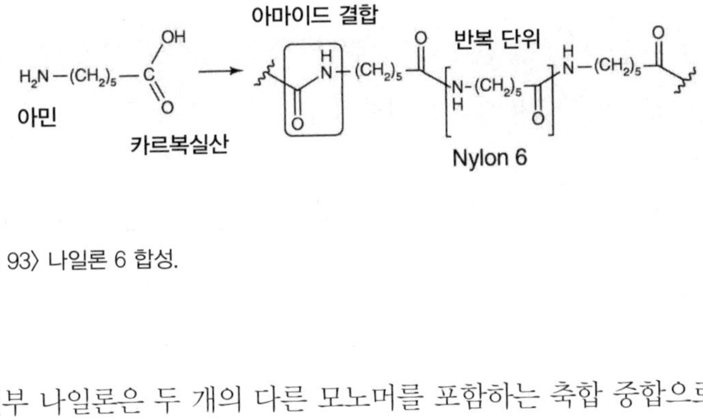

〈그림 93〉 나일론 6 합성.

일부 나일론은 두 개의 다른 모노머를 포함하는 축합 중합으로부터 만든다. 예를 들어, 나일론 66은 두 개 아민(amine)그룹을 포함하는 한 모노머와 두 개 카르복실산 그룹을 포함하는 두 번째 모노머로부터 제조된 나일론의 한 종류이다(그림 94).

케블라는 두 개 다른 모노머로부터 생성된 또 다른 폴리머이다(그림 95). 이것은 강철보다 5배 더 강하고, 우주복, 군 헬멧, 방탄 조끼, 그리

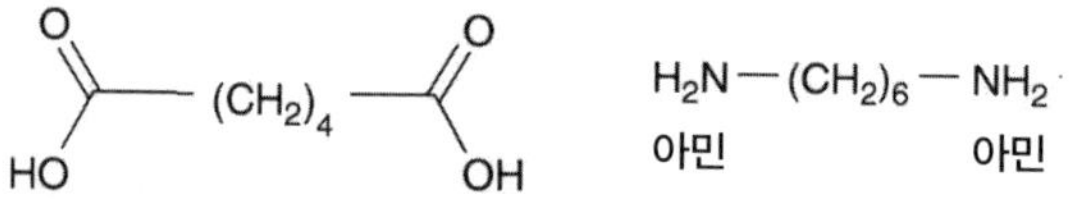

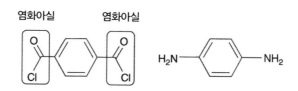

〈그림 94〉 나일론 66 합성에 사용되는 모노머.

염화아실　　　**염화아실**

〈그림 95〉 케블라 합성에 사용되는 모노머.

고 스포츠 장비에 사용된다. 이 고분자의 매우 높은 온도에 대한 안정성은 또한 이것이 소방관들이 착용하는 보호복에 사용된다는 것을 의미한다.

　케블라의 놀라운 강도는 여러 가지 요소와 관련이 있다. 우선, 각 고분자 사슬은 평면적인 방향족 고리와 각 고리를 연결하는 아마이드 그룹의 제한된 결합 회전으로 인해 상대적으로 강직하다. 둘째, 각 산소는 HBA, 각 NH의 수소는 HBD로 작용하는 사슬 사이에 광범위한 수소 결합 네트워크가 있다(그림 96). 이것은 고분자 사슬을 단단한 시트로 묶어주고 사슬이 서로 미끄러지는 것을 방지한다. 마지막으로, 케블라가 섬유로 방사되면 고분자 사슬이 섬유 축을 따라 배향된다. 이는 케블라의 평평한 시트가 매우 높은 결정성 구조로 겹겹이 쌓이게 해준다.

　에스터 결합으로 연결된 축합 고분자는 폴리에스터로 알려져 있으

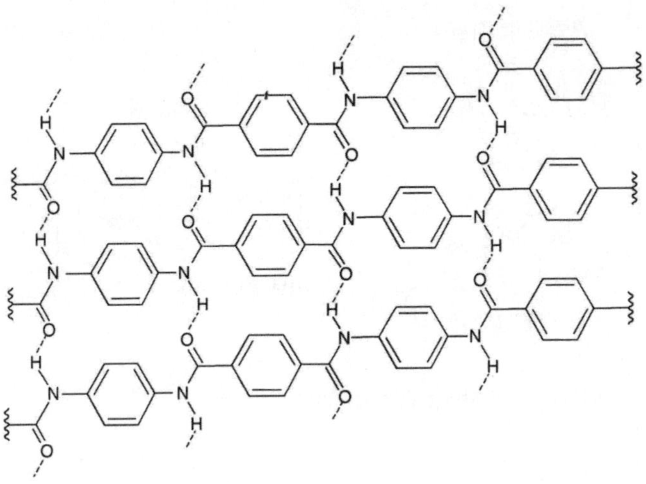

〈그림 96〉 케블라 고분자 사슬 간의 분자간 상호작용(수소결합을 점선으로 표시함).

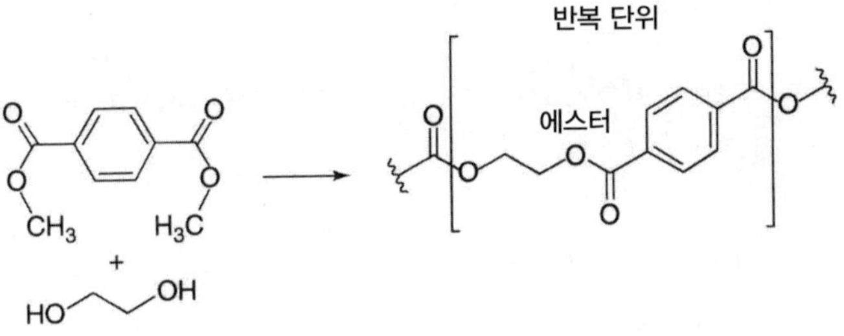

〈그림 97〉 데이크론(Dacron)을 만드는 축합 중합반응.

며, 의류를 포함한 다양한 용도로 사용된다. 예를 들어, 데이크론
(Dacron)은 디에스터 모노머와 두 개의 알코올기를 포함하는 두 번째 모
노머로부터 제조된 폴리에스터이다(그림 97). 마일러(Mylar)는 찢어짐에
강한 유사 폴리머로서 선박의 돛과 자기 기록 테이프에 사용된다.

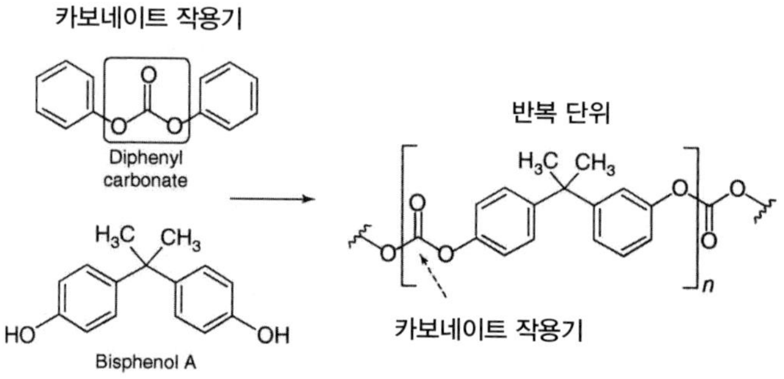

〈그림 98〉 렉산(Lexan)을 만드는 축합 중합반응.

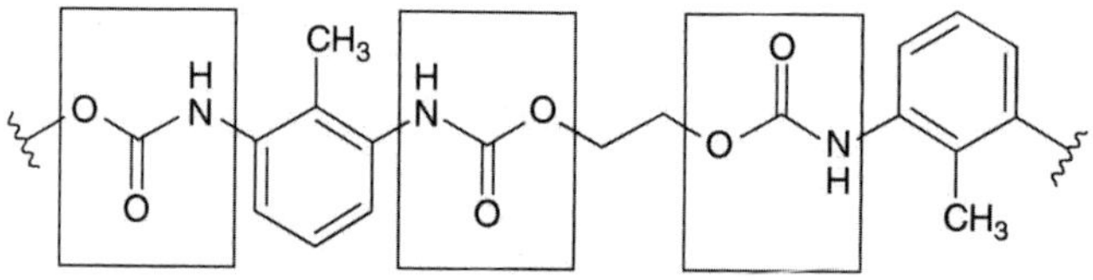

〈그림 99〉 폴리우레탄의 분자구조. 박스로 표시된 영역은 우레탄 결합을 표시함.

폴리카보네이트는 카보네이트 결합을 포함하는 축합 고분자이다. 이들은 가볍고, 산산조각 나지 않고, 또한 열에 안정한, 맑고 투명한 플라스틱을 제공한다. 한 예는 렉산(Lexan)인데(그림 98), 방탄 창과 콤팩트 디스크에 사용되고 있다. 이 폴리머는 디페닐 카보네이트와 비스페놀 A로부터 만들어진다.

폴리우레탄은 결합기로서 우레탄 작용기를 함유하고 있다(그림 99). 폴리우레탄 폼(foam)은 가구, 침구, 단열재에 사용된다. 폴리우레탄은 라이크라(Lycra)와 같은 직물에도 사용된다.

에폭시 시멘트 및 수퍼글루(Epoxy cements and superglues)

　수퍼글루(초강력 접착제)와 에폭시 시멘트를 사용하여 표면을 서로 붙이면, 화학 반응을 일으켜 가교 고분자를 생성한다(그림 100). 양쪽 표면에 각 폴리머 사슬 끝에 에폭사이드 고리를 포함한 폴리머를 도포한다. 다음, 두 개의 아민 그룹을 포함하는 모노머로 구성된 경화제(hard-ener)를 도포한다. 아민 그룹은 에폭사이드 고리와 반응하여 표면을 서로 붙이는 가교를 형성한다. 수퍼글루와 유사한 폴리머가 수술에서 상처를 봉합하는 데 사용되고 있다.

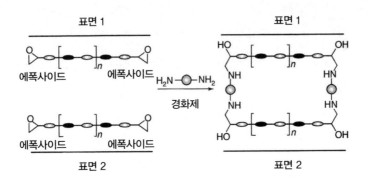

〈그림 100〉 수퍼글루와 관련된 가교 반응.

헬스 이슈(Health issues)

최근 몇 년 동안 몇몇 폴리머 또는 이를 만드는 데 사용되는 모노머에 관한 안전 문제가 제기되었다. 예를 들어, 테프론과 같은 긴 사슬의 다불화 고분자가 특별한 정밀 조사를 받고 있다. 이들 고분자는 매우 안정하고 액체를 배척하기 때문에, 달라붙지 않는 프라이팬, 레인코트, 그리고 식품 포장의 계면활성제로 유용하다. 또한 미끄러짐을 증가시키기 위해 스키에도 적용된다. 그러나, 현재는 이들의 지속성과 생물 축적으로 인해 건강에 위험하고 환경에 해롭다고 여겨진다. 고분자 산업은 이들 고분자의 더 짧은 사슬을 사용하면 제기된 많은 우려를 해결할 수 있다고 주장하지만, 비평가들은 동의하지 않는다.

폴리카보네이트와 에폭시 수지 또한 이들의 제조에 사용된 모노머인 비스페놀-A(BPA) 때문에 건강에 대한 우려가 제기되어 왔다. 폴리카보네이트는 플라스틱 병에 사용되는 반면, 에폭시 수지는 통조림, 음료수 캔, 병 뚜껑, 그리고 수도관의 내면을 코팅하는 데 사용된다. 코팅은 토마토와 같은 부식성 식품으로부터 금속을 보호하고, 또한 음식이나 음료수에 금속 맛이 스며드는 것을 방지한다. 그러나 미량의 미반응 BPA 모노머가 이들 플라스틱에서 검출되었고 소비자 단체들은 그것이 음식으로 침출될 수 있다고 우려한다. 아직까지는 BPA가 인간에게 독성이 있다는 증거는 없지만, 동물 실험에서 호르몬 에스트로겐(estrogen)을 모방하는 것으로 알려졌다.

끓는 물의 첨가가 모노머의 침출을 도울 수 있기 때문에, 몇몇 국가들은 아기들 젖병에 BPA-유래 폴리머의 사용을 금지하고 있다. 프랑스 정부 또한 음식 포장과 의료 기기에 이것의 사용을 금지하기로 결정했다. 장난감 포장에서의 사용도 일부 금지되었다. 그러나 다른 국가들은 BPA 에 대해 수행된 독성 실험의 적절성에 의문을 제기했다. 예를 들어, 비현실적으로 높은 수준의 BPA가 여러 독성 테스트에서 사용되었다.

아기들의 젖병용으로 폴리카보네이트 대신 폴리에스터와 폴리프로필렌을 사용할 수 있는데, 이와 관련해서 트리탄(Tritan)이라는 폴리에스터가 특히 유용했다. 식품 용기용 에폭시 수지 코팅을 대체할 물질을 찾는 것은 그리 간단하지 않다. 한 가지 가능한 대안은 제지 산업의 부산물인 리그닌(lignin)을 기반으로 하는 화합물이다. 리그닌의 두 가지 분해 산물을 결합하여, BPA와 구조적으로 연관되지만 내분비 특성이 없는, 비스과이아콜-F(bisguaiacol-F, BGF)를 생산하였다(그림 101). BGF로부터 유래된 폴리머는 BPA로부터 유도된 폴리머와 유사한 물성을 갖고 있으며, 5년 내에 BGF-기반 플라스틱이 출시될 것으로 예상되었다.

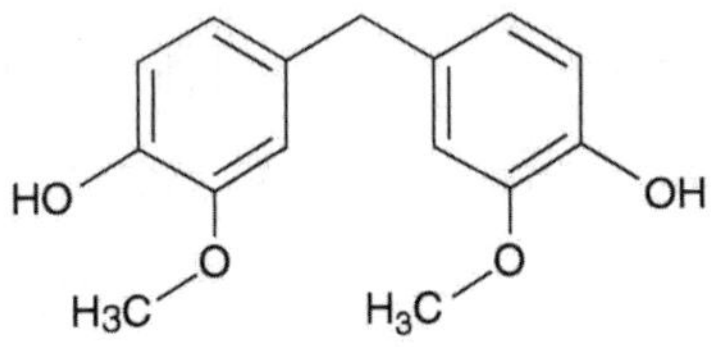

〈그림 101〉 비스구아이아콜-F (Bisguaiacol-F, BGF).

환경, 생태, 및 경제 이슈
(Environmental, ecological, and economic issues)

플라스틱은 소비재에 천연 재료를 사용하는 것을 줄임으로써 유익한 생태 효과를 가져왔다. 19세기에, 셀룰로이드(celluloid)가 상아를 대체하여 코끼리떼의 도살을 줄였다. 오늘날 면섬유 대신 합성 섬유가 의류에 사용되어, 한때 목화를 재배하던 밭이 이제는 식량 작물에 사용된다.

폴리머의 또 다른 이점은 견고하고 깨지지 않는 제품의 생산을 가능하게 하는 그 안정성과 내구성이다. 그러나 이러한 제품들이 부주의하게 버려질 때, 이것은 해로운 환경적인 영향을 미칠 수 있다. 세계의 해안선이 이 슬픔을 목도하고 있고, 2015년에 발표된 보고서는 800만 톤의 플라스틱 쓰레기가 매년 바다로 유입된다고 추정했다. 육지에서는 매립지에 대한 압박이 너무 심해져서 플라스틱 재활용이 빠르게 필수적인 문제가 되고 있다. 이제 2020년까지 재활용 가능한 쓰레기의 매립을 단계적으로 줄이고, 소각을 막고, 위험한 플라스틱을 시장에서 퇴출하자는 EU의 제안들이 있다. 또한 EU 회원국들은 얇은 플라스틱 캐리어 백의 사용을 엄격하게 단속해야 한다. 2010년에, 80억 개로 추산된 이들 봉투들이 쓰레기로 배출되었다.

재활용/해중합(Recycling/depolymerization)

플라스틱의 원료는 주로 유한한 자원인 석유에서 나온다. 따라서 그 자원을 회수하기 위해 플라스틱을 재활용하거나 해중합(depolymerize)하는 것은 타당하다. 사실상 모든 플라스틱을 재활용할 수 있지만, 반드시 경제적으로 실현 가능한 것은 아니다. 폴리에스터, 폴리카보네이트, 및 폴리스티렌의 전통적인 재활용은 낮은 품질의 제품에만 적합한 열등한 플라스틱 제품을 생산하는 경향이 있다.

해중합은 루테늄(ruthenium), 로듐(rhodium), 또는 백금(platinum) 촉매를 사용하여 가능하며, 그 결과의 모노머는 정제되고 다양한 용도로 재사용될 수 있다. 그러나 해중합은 아직 경제적으로 실현 가능하지 않다.

생분해성 플라스틱(Biodegradable plastics)

미생물에 의해 분해되는 생분해성 고분자를 개발하기 위한 노력이 있어 왔다. 예를 들어, 폴리락타이드(polylactide)는 락트산(lactic acid)으로부터 생성되며(그림 102), 식품 포장, 직물 및 의료 용도로 사용된다. 폴리하이드록시알카노에이트(polyhydroxyalkanoates)는 폴리프로필렌 대신 사용할 수 있는 생분해성 플라스틱이다. 미래에는 식물 전분이 폴리카복실레이트(polycarboxylate)를 대체할 생분해성 고분자를 생산하기 위해 사용될 수 있다.

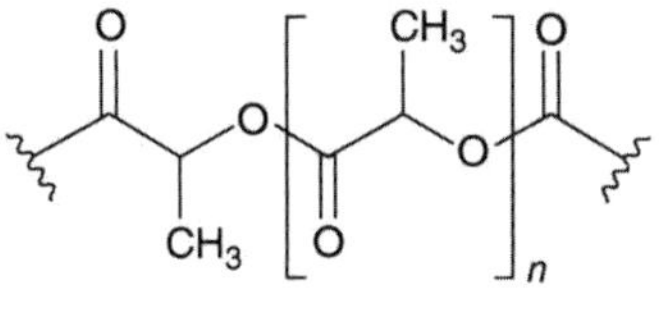

Polylactides

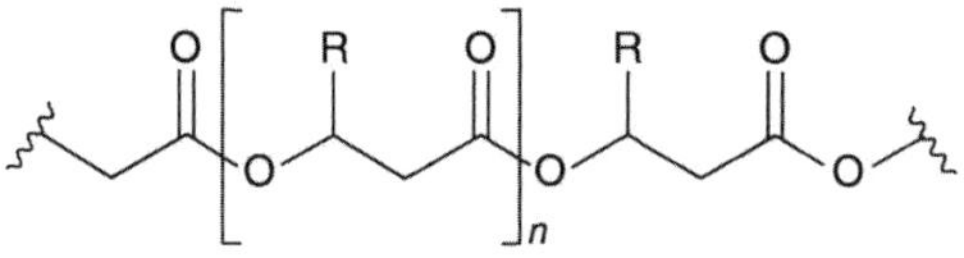

Polyhydroxyalkanoates

〈그림 102〉 생분해성 폴리에스터.

산화-생분해성(oxo-biodegradable) 플라스틱은 소량의 금속염을 포함시켜 제조한 종래의 플라스틱이다. 이것들은 산소에 노출되었을 때 플라스틱의 생분해를 촉진하는 역할을 하며, 1nm에서 5mm 크기의 미세플라스틱을 만든다. 이들 미세플라스틱이 미생물에 의해 완전히 분해되기를 바랐지만, 이는 아직 입증되지 않았다. 더욱이 미세플라스틱이 인간의 건강과 환경에 미치는 위험성은 충분히 조사되지 않았다. 미세플라스틱이 해양 동물군에 의해 섭취되면 먹이 사슬에 영향을 미칠 수 있다는 우려가 있으며, EU는 현재 화장품, 세제 및 기타 제품에 미세플라스틱 사용에 대한 규제 도입을 검토하고 있다.

바이오플라스틱(Bioplastics)

바이오플라스틱은 석유가 아닌 식물 재료에서 얻은 모노머로부터 생산된다. 2009년 코카콜라는 부분적으로 식물 재료로 만든, 재활용 가능한 PET 플라스틱 병을 개발했다. 여기에는 사탕수수에서 유래한 모노에틸렌 글리콜(monoethylene glycol)을 사용하였지만, 과일 껍질, 나무 껍질, 및 줄기를 화합물의 공급원으로 사용하는 계획도 있다. 펩시는 스위치그래스(switchgrass), 소나무 껍질, 그리고 옥수수 껍질과 같은 공급원을 사용하여 PET 병을 만들었다. 후자의 옵션은 식량 생산을 줄이고 식량 가격을 상승시킬 수 있기 때문에, 보통 버려지거나 태울 수 있는 식물 재료를 사용하는 것이 식량 작물을 사용하는 것보다 낫다. 2007년 멕시코에서 옥수수를 바이오 연료인 에탄올 생산에 사용함으로 인한 높은 식량 가격 때문에 폭동이 일어났다. 현재 다양한 모노머가 생물 자원으로 부터 얻어지고 있다. 푸란−2,5−디카르복실산(furan-2,5-di-carboxylic acid)이 그 예 가운데 하나이고, 중합되어 PET의 푸란 버전인, 폴리(에틸렌 푸란-2,5-디카복시레이트), [poly(ethylene furan-2,5-dicar-boxylate)](PEF)를 만든다.

플라스틱 및 폴리머에 대한 최근 연구
(Recent research in plastics and polymers)

새로운 폴리머가 새로운 용도를 위해 지속적으로 개발되고 있다. 예를 들어, 이들을 포함하는 재료에 대한 물리적 손상을 복구하는 자가치유(self-healing) 폴리머가 개발되고 있다. 한 가지 접근법은 소형 캡슐을 혼합하는 것인데, 그 중 일부는 모노머를 함유하고 다른 일부는 중합 개시제를 함유한다. 손상이 발생하면, 손상 부위의 캡슐이 깨져서 내용물이 방출된다. 모노머와 중합 개시제가 섞이고, 손상을 복구하는 중합 반응이 일어난다. 다른 접근법은 특정 조건하에서 해중합을 하는 폴리머를 설계하는 것이다. 이 경우 손상된 부위는 빛이나 열에 노출되어 해중합을 개시한다. 이때 생성된 모노머는 폴리머보다 더 유동적이고, 존재하는 모든 틈이나 찢어진 곳을 채운다. 빛이나 열이 제거되면, 모노머는 다시 중합하여 손상을 복구한다.

폴리머는 스마트 의류의 디자인에 사용되고 있다. 예를 들어, 폴리머는 해당 의류에 도입될 수 있는 박막 열전소자의 디자인에 관련되어 있다. 이들은 휴대폰과 같은 전자 기기에 충분한 전력을 제공하기 위한 에너지원으로서 인체의 열을 사용할 것이다. 폴리머를 포함하는 화학 센서가 천조분의 1(10^{15}분의 1)의 농도에서 폭발성 증기를 감지하기 위해 개발되고 있다. 폴리머는 공중(airborne) 또는 수인성(waterborne) TNT 존재 하에서 적색으로 변하고, 이 시스템은 착용자에게 지뢰 또는 폭발 무기로 오염된 이전 전쟁 지역에서 폭발물이 있음을 경고하기 위해 스마트 의류에 사용될 수 있다.

에코닉 테크놀로지(Econic Technologies)라는 영국 회사는 CO_2를 에폭사이드와 반응시켜 이산화탄소 배출을 포집하는 중합 공정을 개발하고 있다(그림 103). 따라서 폴리머의 각 카보네이트 그룹은 포집된 CO_2 분자 하나를 포함한다. 또 다른 온실가스인 메탄을 흡수할 수 있는 폴리우레탄도 개발되었다. 해저에는 거대한 메탄 저장고가 있고, 지구 온난화로 인해 이 메탄 중 일부가 방출될 수 있다는 우려가 제기되었다. 또 다른 연구 분야는 독성 화학 물질을 고정하는 다공성 유기 폴리머를 포함한다. 이것들은 방독면에 유용할 수 있다.

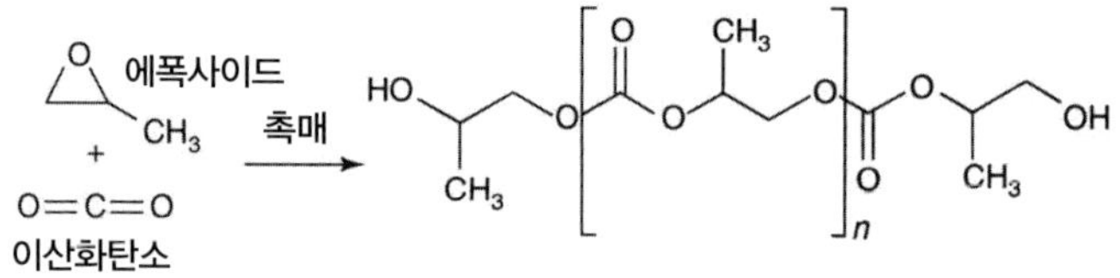

〈그림 103〉 중합반응에 의한 CO_2 포집.

생분해성 고분자는 용해가능한 실밥(stitches), 플레이트(plates), 나사(screws), 핀(pins) 및 메쉬(meshes) 형태로 의료분야에서 응용을 갖고 있다. 하중을 받는 뼈의 골절을 치료하는 데 현재 사용되는 티타늄-기반 임플란트를 잠재적으로 대체할 수 있는 생분해성 고분자도 연구되고 있다.

빗물을 흡수한 다음 건물을 식히는 데 도움이 되도록 '땀(sweat)'을 흘려 내보낼 수 있는, 따라서 에어컨 사용과 CO_2 방출을 줄여주는, 온도감응성(thermosensitive) 하이드로겔(hydrogel) 지붕 덮개가 개발되고 있다. 연구 중인 폴리머는 폴리(N-이소프로필아크릴아마이드) [poly(N-isopropylacrylamide), PNIPAM]이며, 그 자체 무게의 90% 물을 저장할 수 있다.

마지막으로, 츄잉껌이 옷, 포장지, 또는 바닥에 달라붙는 것을 방지할 새로운 폴리머가 개발되고 있다. 이 폴리머가 물을 흡수하면, 이는 분해를 촉진하지만, 한편 껌이 더 오래 맛을 지속하도록 해준다. 이 폴리머는 립스틱, 립밤에도 사용될 수 있고, 입 냄새를 처치하는 방법으로 고려되고 있다.

제9장

나노 화학

Nanochemistry

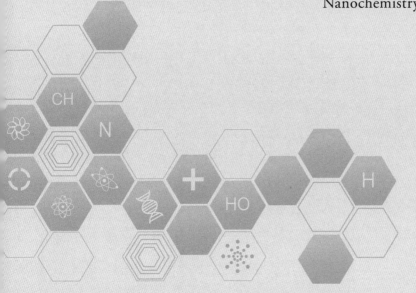

나노화학은 1~100nm 크기의 분자 나노구조물 합성을 포함한다. 이들은 나노 로봇을 비롯해 의학, 분석, 합성, 전자, 데이터 저장, 또는 재료과학 등에 활용될 수 있는 분자소자의 분자 부품으로서 역할을 할 수 있다. 현재의 연구 목표 중 하나는 분자 컴퓨터(molecular computer)를 설계하는 것이다. 현재의 컴퓨터는 실리콘 집적회로를 사용하지만, 이들 부품을 얼마나 작게 만들 수 있는지에 대한 한계가 있다. 분자 수준에서 작동하는 전자소자와 컴퓨터를 설계하면 크기를 획기적으로 줄일 수 있고, 그에 상응하는 컴퓨터 파워를 높일 수 있다. 이러한 꿈을 현실로 만들기 위해서는 분자수준의 전선, 스위치, 데이터 저장 시스템, 모터 등 나노 구조물을 설계할 필요가 있다.

탄소 동소체(Carbon allotropes)

　동소체(allotropes)는 전적으로 한 종류의 원자로 이루어진 질서 있는 구조물이다. 다이아몬드는 탄소 동소체로, 각 탄소 원자가 네 개의 다른 탄소 원자와 공유 결합하여 매우 강한 격자를 형성한다(그림 104a). 다이아몬드는 그 강도 때문에 다이아몬드-팁 채굴 드릴과 같은 산업적 용도로 사용된다. 알려진 물질 중 가장 단단하고 화학적으로 불활성인 물질 중 하나이며, 유용한 광학적 특성도 가지고 있다.

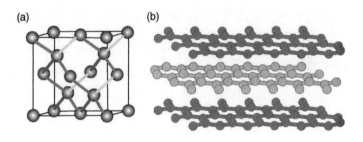

〈그림 104〉 다이아몬드(a)와 그라파이트(b)의 구조.

　그라파이트(graphite, 흑연)는 원자들이 평면의 방향족 고리 층으로 배열된 또 다른 탄소 동소체이다(그림 104b). 각 층은 강한 공유 결합을 포함하지만, 각 층 사이에는 약한 분자간 상호작용만이 존재한다. 이것은 층이 '슬라이드(slide)' 할 수 있게 만들고, 이는 흑연을 연필심 용도에 이상적으로 만든다. 같은 이유로 흑연은 기계와 엔진에서 건식 윤활제로 사용된다. 놀랍게도, 흑연은 고관절 이식에서 발견되었는데, 고관절의 금속과 금속의 접촉을 윤활 작용하는 것으로 보인다. 이 흑연이 어떻게 생성되는지는 아직 밝혀지지 않았지만, 고관절 임플란트 자체가 단백질을 '갈아서(grinds up)' 탄소를 생성하고, 다음 흑연으로 전환되는 것이 가능할 수 있다.

또한 흑연은 방향족 고리에 존재하는 상대적으로 이동성이 높은 π(파이) 전자 때문에 전기를 통한다. 흑연의 전도성을 이용한 최근의 혁신은 흑연 비드에 세 가지 다른 효소를 결합하는 것이다. 그 효소 중 하나는 수소 가스의 분열을 촉매하여 두 개 양성자와 두 개 전자를 만든다. 흑연의 전기 전도성 때문에, 전자는 비드를 통해 두 번째 효소로 이동하여 기질의 환원반응을 촉매한다. 이 반응에서 생성된 생성물은 세 번째 효소의 촉매작용으로 다음 반응을 진행한다. 이 시스템은 하나의 미니어처 화학 공장으로 바라볼 수 있는데, 2013년 영국 왕립화학회(Royal Society of Chemistry)로부터 신흥 기술상(Emerging Technology Award)을 받았다.

흑연의 단일층은 그래핀(graphene)이라고 불리는데, 2004년 맨체스터 (Manchester) 대학에서 처음으로 생산되었으며, 이 발명가들은 2010년 노벨 물리학상을 수상하였다. 그래핀은 전기를 전도할 뿐만 아니라, 강철보다 300배 큰 인장 강도를 가진, 과학계에 알려진 가장 얇고 가장 강한 물질이다. 또한 이것은 열에 안정적이고, 화학 물질에 비교적 비활성이다.

이러한 특성들 때문에, 그래핀은 화학 센서, 의료 기기, 태양 전지, 수소 연료전지, 배터리, 플렉서블 디스플레이, 그리고 전기 기기들의 구성요소로서 많은 잠재적인 응용을 갖고 있다. 그래핀의 한 잠재적인 용도는 담수화 필터(desalination filter)이다. 이 아이디어는 염(salt)은 통과하지 못하지만, 물 분자는 비집고 지나가는 것을 허용할 구멍들을 그래핀에 펀치하는 것이다. 그래핀의 또 다른 가능한 응용 분야는 방탄복에서 케블라(Kevlar)의 대체재이다. 센서 분야에서는, 그래핀-기반 장치가 박테리아 감염 또는 오염을 감지할 수 있을 것으로 생각된다.

현재, 그래핀에 대한 많은 일들이 연구실에서 진행되고 있으며, 다음 단계는 그 연구를 적용하여 공장에서 신소재를 만드는 것인데, 이는 20-40년이 소요될지 모른다. 현실적인 문제 중 하나는 그래핀을 대규모로 생산하는 경제적인 방법을 고안하는 것이다. 상업적으로 사용하려면 이것이 필수적이다.

풀러렌(fullerenes)은 세 번째 유형의 탄소 동소체인데, 구체(sphere) 또는 케이지(cage)형 구조를 갖고 있다. 탄소 원자는 육각형과 오각형 고리로 배열되어 있으며, 후자는 구체를 형성하는 데 필요한 곡률(curvature)을 제공한다. 풀러렌의 가장 잘 알려진 예는 버크민스터 풀러렌(buckminsterfullerene C60, 또는 풀러렌-60)으로 축구공과 비슷한 패턴과 모양을 갖고 있다(그림 105) - 숫자 60은 그 구조에 존재하는 탄소 원자의 수를 나타낸다.

풀러렌-60은 우주 공간에서 어떤 종류의 화학 반응이 일어나는지를 모방하기 위해 고안된 실험으로부터 발견되었다. 2010년 적외선 망원경은 풀러렌-60이 실제로 성간 가스 구름에 존재한다는 것을 증명했다. 하

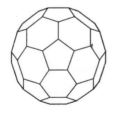 

〈그림 105〉 풀러렌에서 탄소원자의 배열.

지만 C60 구조물은 훨씬 집 가까이, 촛불의 불꽃에서도 생성된다! 이 과정은 작은 탄소 케이지(carbon cage)의 생성으로부터 시작되고 증기화된(vaporized) 탄소 원자를 빨아들여 점차적으로 크기를 증가시켜 나가는 것으로 추측된다. 그러나 어떻게 이 작은 케이지 풀러렌들이 애초에 생성되는지는 아직 이해하지 못하고 있다. 다른 케이지 크기의 풀러렌에는 C28, C32, C50, 그리고 C70이 있다. C60과 달리, 이것들은 완벽한 구형이 아니다. 예를 들어, 풀러렌-70은 소시지 모양이다. 버키볼(buckyball)의 발견은 헨리 크로토(Henry Kroto)에게 노벨상을 안겨주었다.

현재까지, 풀러렌은 어떤 상업적 이용이 이루어지지 않았다. 그러나 향후 응용에 대한 많은 제안들이 있다. 한 가지 제안은 약물 또는 유전자를 세포에 도입하는 약물 전달 수단으로 이용하는 것이다. 그 밖의 잠재적 응용에는 윤활제, 전기 도체, 태양 전지, 및 심지어 안전 고글(goggle)도 포함된다. 풀러렌 유도체가 약한 자기장에 반응할 수 있는 분자의 합성에 사용되었으며(그림 79), 풀러렌은 나노카(nanocar)의 바퀴로도 사용되었다(그림 117).

나노튜브(Nanotubes)

    탄소 나노튜브는 탄소 원자로 구성된 분자 실린더이다. 나노튜브의 벽은 육각형 고리로 구성되어 있으며(그림 106), 본질적으로 그래핀을 둥글게 말아올린 층이다. 나노튜브의 각 끝은 본질적으로 풀러렌이며, 튜브를 밀봉하는 곡률을 도입하는 5각형 고리를 함유한다. 그들의 직경은 약 1nm이고(DNA 가닥과 거의 동일한 직경), 길이는 최대 132,000,000nm까지 가능하다.

    나노튜브의 성질은 그 크기와 원자의 배열에 따라 다르다. 나노튜브는 길이와 직경에 따라 다른 전기적 성질을 가지고 있어, 절연체, 반도체, 또는 도체로서 나노전자 회로에서 유용하다.

    나노튜브의 벽을 구성하는 고리의 상대적인 방향(orientation)은 나노튜브의 전자적 특성에 중대한 효과를 나타낸다. 이런 까닭에 그림 106의 나노튜브 A는 반도체이고, 한편 나노튜브 B는 완전한 도체이다. 나노튜브의 가격은 급격히 하락하고 있으며, 2020년내 전자 분야에 널리

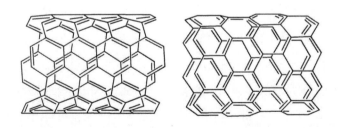

〈그림 106〉 나노튜브에서 구조적 변형.

사용될 것으로 예상된다. 나노전자(nanoelectronics) 분야는 미래의 분자 컴퓨터(molecular computer)로 발전할 수 있을 것이다.

나노튜브는, 1/6의 중량으로도, 강철에 비해 더 강하기 때문에, 재료 과학에서 매우 유용하다. 나노튜브의 중량 대비 강도는 항공기 부품, 자동차 부품, 그리고 스포츠 장비 분야에, 특히 나노튜브를 '묶어서' 높은 인장 강도의 섬유로 만든다면, 잠재적인 응용을 제공한다. 이들의 넓은 표면적 또한 유용하다. 예를 들어, 그들은 효소와 결합될 수 있고 합성이나 수소 연료전지에 사용될 수 있다.

나노튜브는 단일벽(single-walled)이거나 또는 다중벽(multi-walled)일 수 있다. 다중 벽 나노튜브는 그래핀이 여러 층으로 말려 있고, 향상된 내화학성을 가지고 있다. 이는 나노튜브 표면에 분자를 연결할 때 중요한데, 연결 과정이 나노튜브 벽에 구멍을 낼 수 있고 나노튜브의 기계적, 전기적 특성에 영향을 미칠 수 있기 때문이다. 이중 층(double-layered) 나노튜브를 사용하면, 단지 그 바깥 층만 영향을 받을 것이다. 나노튜브는 다른 분자를 감지할 수 있는 유기 분자와 결합하도록 수식되어, 식품 품질을 모니터링하거나 폭발물과 화학물질 누출을 감지하기 위한 센서 또는 생체 전자 '코'(bioelectronic 'nose')의 유용한 성분요소로 쓰일 수 있다. 또한 빛에 민감한(light-sensitive) 분자와 결합된 나노튜브가 태양 전지와 에너지 저장 설계에 유용할 수 있다.

나노튜브는 다른 분자의 캡슐로도 유용할 수 있다. 자연은 이것을 이미 달성했다. 담배 모자이크 바이러스는 동일한 바이러스 단백질로 만들어진 나노튜브로 구성되어 있다. 단백질은 자가-조립(self-assemble)하여 나노튜브를 형성하고 바이러스 RNA를 캡슐화 한다. 일부 연구자들은 버키볼을 고정할 수 있는 자가-조립 나노튜브의 설계를 들여다보고 있는데, 이들이 좋은 전자적 특성을 가질 것이라고 여겨지기 때문이다.

로탁세인(Rotaxanes)

로탁세인은 두 개의 서로 맞물린 분자가 차축과 바퀴에 해당하는 구조를 형성하는 나노 물질이다(그림 107). 바퀴에 해당하는 분자는 거대 고리 구조인(매크로사이클, macrocycle) 반면, 차축의 역할을 하는 분자는 덤벨 모양이다. 차축의 양쪽 끝에 있는 두 개의 부피가 큰 그룹은 매크로사이클이 차축에서 '미끄러져 빠져 나가는' 것을 방지한다. 매크로사이클은 차축 주위를 회전하거나 한쪽 끝에서 다른 쪽 끝으로 길이를 따라 이동할 수 있다. 그러나 차축에는 매크로사이클을 일시적으로 제자리에 고정시키는 하나 또는 그 이상의 '도킹(docking)' 사이트가 포함되어 있기 때문에 후자의 움직임은 원활한 과정이 아니다. 이것은 분자 셔틀(molecular shuttle)로 알려져 있다. 이 상호작용은 매크로사이클이 이용가능한 도킹 사이트와 상호작용하면서 대부분의 시간을 보낼 수

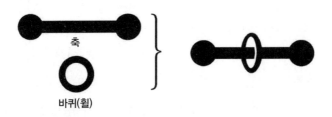

〈그림 107〉 매크로사이클을 통해 맞물린 덤벨-모양의 분자를 포함하는 로탁세인의 일반적인 구조.

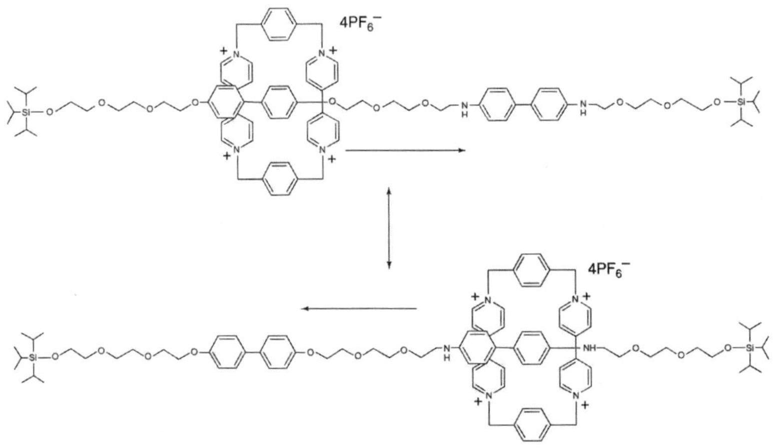

〈그림 108〉 분자 셔틀로 작용하는 로탁세인의 예.

있도록 만들기에 충분히 강하지만, 한편 매크로사이클이 이용가능한 사이트 사이를 왕복하게 만들 수 있을 만큼 충분히 약하다.

분자 셔틀의 한 예를 〈그림 108〉에 나타내었다. 차축에는 방향족 고리를 포함하는 두 개의 도킹 스테이션이 있고, 각 끝에는 '바퀴'가 차축에서 빠지는 것을 방지하기 위한 부피가 큰 실리콘 그룹이 있다. 각 도킹 사이트의 방향족 고리는, $\pi-\pi$ 상호작용이라고 알려진 상호작용의 한 형태로, 매크로사이클의 방향족 고리와 상호작용할 수 있다. 상호작용은 비교적 약하기 때문에, 바퀴는 두 도킹 사이트 사이를 왕복할 수 있다. 그러나 이 예에서는 바퀴가 오른쪽 도킹 스테이션 쪽에 결합하는 것을 선호하는데 이는 도킹 스테이션이 동일하지 않기 때문이다. 하나의 도킹 스테이션에는 방향족 고리에 산소 원자가 붙어 있고, 다른 하나는 질소 원자를 갖고 있다. 후자의 사이트는 '바퀴'와 더 강하게 상호작용하므로, 바퀴는 이 사이트에 결합하여 그 시간의 84%를 지체하고,

나머지 16%는 다른 도킹 사이트에 묶인다.

앞서 기술한 선호도는 변경될 수 있다. 산성 조건에서, 오른쪽 도킹 사이트에 붙어 있는 질소 원자들은 양성자화되어 양전하를 얻는다. 바퀴에는 이미 양전하를 띤 질소 원자가 들어 있기 때문에, 그것은 오른쪽 도킹 사이트에서는 반발하고, 왼쪽 도킹 사이트에 독보적으로 결합하게 된다. 따라서 로탁세인은 분자 스위치(molecular switch)와 같은 역할을 한다. 그렇지만 완벽한 스위치는 아닌데, 도킹이 다른 조건하에서 어느 하나의 도킹 사이트에만 독점적으로 이루어져야 하기 때문이다. 그럼에도 불구하고, 이 예는 분자 스위치로서 로탁세인의 잠재력을 보여준다.

분자 스위치는 다양한 용도로 사용될 수 있다. 예를 들어, 에딘버러(Edinburgh) 대학의 한 연구팀은 유기 합성을 위한 '전환가능(switchable)' 촉매 역할을 하는 로탁세인을 설계했다(그림 109). 차축의 중심에 있는 질소 원자는 촉매 활동을 담당한다. 염기 조건에서, 바퀴는 질소 원자가 자유롭게 촉매 역할을 할 수 있도록 두 개 도킹 사이트 중 어느 하나

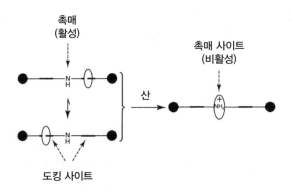

〈그림 109〉 전환가능한 촉매로서 작용하는 로탁세인.

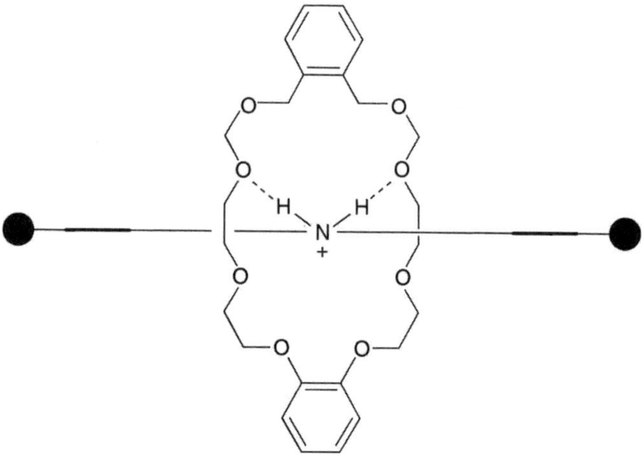

〈그림 110〉 자축 위의 양성자화된 아민과 휠 사이의 수소결합 상호작용.

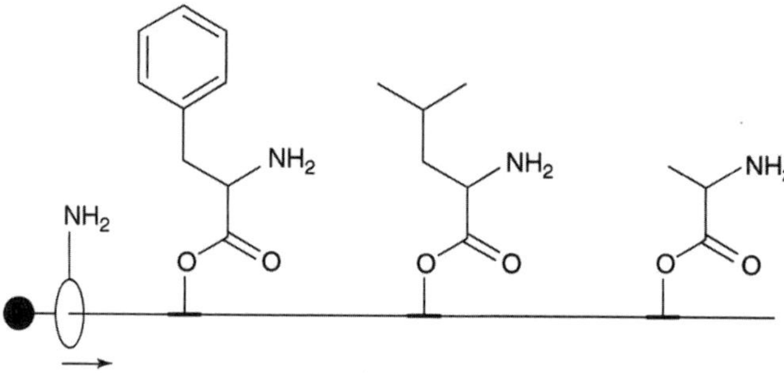

〈그림 111〉 분자 합성머신으로 기능하는 로탁세인.

에 결합한다. 산성 조건에서는, 질소가 양성자화되어 양전하를 얻게 되고, 이는 바퀴가 더 강하게 도킹하는 사이트로 만든다. 이제 바퀴는 차축의 중심으로 이동하여 촉매 사이트를 숨긴다. 이 예에서, 바퀴는 산소 원자를 포함하고 있으며, 이는 양성자화된 아민과 강한 수소결합을 형성한다(그림 110).

보다 최근에는, 두 가지 다른 종류의 반응을 촉매할 수 있는 두 개 도킹 사이트를 가진 로탁세인이 설계되었다. 고리는 산성 조건에서 촉매 도킹 사이트 중 하나에 결합하고, 염기성 조건에서 다른 촉매 사이트에 결합한다. 따라서 사용된 반응 조건에 따라 동일한 로탁세인을 사용하여 두 가지 다른 종류의 반응을 촉매할 수 있다.

또 다른 로탁세인은 트리펩타이드를 합성하도록 설계되었다(그림 111). 차축에는 3개의 아미노산이 붙어 있고, 차축의 한쪽 끝에는 바퀴가 끼워져 있다. 바퀴가 차축을 따라 움직이면서, 제시된 순서대로 아미노산을 하나씩 픽업한다. 로탁세인의 다른 쪽 끝에는 차단 그룹이 없기 때문에, 트리펩타이드가 부착된 바퀴는 끝에 도달했을 때 떨어져 나간다. 그 다음 트리펩타이드는 바퀴에서 끊어낼 수 있었다. 이 연구는 새로운 분자를 자동으로 생산하는 분자 합성머신(molecular synthetic machine)을 설계하는 것이 가능하다는 것을 보여준다. 그러나 이 접근법이 종래의 합성과 경쟁하려면 갈 길이 멀다.

알카인(alkyne) 작용기로 구성된 차축을 가진 로탁세인이 옥스퍼드(Oxford) 대학에서 합성되었다(그림 112). 알카인은 선형이므로, 차축은 선형이고 탄소 원자만을 포함한다. 이러한 로탁세인은 나노전자의 잠

〈그림 112〉 직선형 알카인 그룹을 포함한 로탁세인.

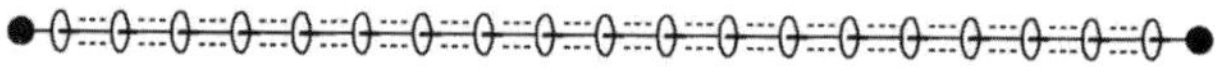

〈그림 113〉 휠 간의 상호작용을 갖도록 고안된 폴리로탁세인.

재적인 분자 와이어(molecular wire)로 제안되었다. 바퀴는 앞뒤로 움직이면서 절연체 역할을 할 것이다.

분자 와이어를 향한 또 다른 접근법은 중심 차축 위에 여러 개의 바퀴를 포함하는 폴리로탁세인(polyrotaxane)을 제조하는 것이다(그림 113). 하나의 차축에 여러 개의 바퀴가 있을 때, 이들은 서로 상호작용하고, 이는 로탁세인을 딱딱하고 곧게 세우는 역할을 한다. 전자가 분자 와이어를 따라 이동하는 속도가 강직한 로탁세인에서 더 빠르다.

만약 로탁세인이 스위치나 전선으로 유용하다는 것이 입증된다면, 그것들은 단단한 구조물에 연결되고 통합되어야 할 것이다. 한 가지 방법은 로탁세인을 금속−유기 골격체(metal-organic frameworks, MOFs) 구조에 도입하여, 각 로탁세인의 움직이는 부분이 기공 안에 위치하도록 하는 것이다. 만약 이것이 성공적이라면, 고체상(solid-state) 분자 스위치 또는 머신을 만들 수 있는 가능성을 열어준다.

또한 로탁세인은 다양한 자극에 의해 수축하거나 팽창하는 분자 '근육'(molecular muscles)을 만드는 데 사용되었다. 이것은 서로 연결된 두 개의 로탁세인을 포함하며, 각 축의 끝은 다른 축의 바퀴와 공유결합으로 연결되어 있다(그림 114). 이것은 데이지−체인(daisy-chain, 직렬 연결) 로탁세인이라는 별명이 붙여졌다. 확장된 형태와 수축된 형태의 길이는 각각 4.8nm에서 3.6nm이다. 이들 데이지 체인 로탁세인을 분자 '섬유

(fibres)'로 중합함으로써, 결과의 수축과 팽창이 증폭된다(그림 115). 프랑스의 한 연구팀은, 15.8μm에서 9.4μm로 수축되는, 3,000개의 로탁세인을 서로 연결하였다. 로탁세인의 중합은 금속 이온과 결합하는 블록킹 그룹을 사용하여 달성되었다. 금속 이온은 데이지−체인 로탁세인을 묶는 하나의 분자 '접착제(glue)'의 역할을 한다. 다음 도전과제는 이들 섬유를 서로 묶는 것이다.

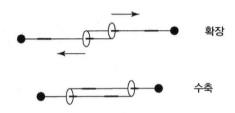

〈그림 114〉 근육 운동을 모방한 연결된 로탁세인.

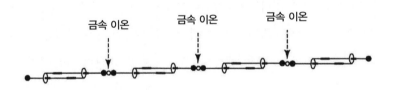

〈그림 115〉 데이지−체인 로탁세인의 중합에 의한 분자 근육섬유 형성.

나노입자(Nanoparticles)

나노입자는 대략 1-100nm 크기이다. 이들의 물성은 그 크기와 상대적으로 큰 표면적 때문에 더 큰 스케일의 물질과 구별되며, 이들은 의학, 제조, 재료, 에너지 및 전자 분야에서 광범위한 실질적 및 잠재적인 응용을 갖고 있다. 예를 들어, 약물이나 DNA를 캡슐화한 구형의 나노입자를 합성한 다음, 이를 투여하여 그 담지된 약물을 환자의 세포로 전달하는 것이 가능하다. 예를 들어, 항암제 파클리탁셀(paclitaxel, Taxol)을 운반하는 지질 나노입자는 현재 임상시험 중이다. 진단과 치료를 결합한(테라노스틱, theranostics) 나노입자도 설계되고 있다. 예를 들어, 나노입자가 종양 세포를 식별하도록 설계되었다. 세포에 결합하게 되면, 입자가 깨져 열리고, 종양이 어디에 있는지를 드러내는 염료와 함께, 암을 치료하는 항암 약물을 방출한다.

나노전달 시스템은 또한 위산의 파괴적인 영향으로부터 기능성식품(뉴트라슈티컬, neutraceuticals, 예: 비타민)을 보호하기 위해 사용될 수 있다. 나노캡슐은 음식에 자연적으로 존재하는 단백질과 당으로 만들어졌다. 나노캡슐은 위산에 안정적이지만, 장의 효소에 의해 분해되어 기능식품을 방출한다. 비타민 D가 탑재된 나노캡슐은 구루병을 예방하기 위해 청량음료에 첨가될 수 있다.

나노입자는 약물 전달 외에도 다른 의료 분야에 용도를 갖고 있다. 예를 들어, 도로 사고나 테러 폭탄으로 인한 내부 출혈을 잠재적으로 막을 수 있는 나노입자가 개발되었다. 나노 입자는 활성화된 혈소판에 달라붙고 혈액 응고 속도를 높여서, 환자가 출혈로 인해 사망할 가능성을 줄이도록 설계되었다. 지금까지 이 기술은 단지 동물에게만 실험되었다.

탄소 나노입자가 모기 유충의 발생을 막아 말라리아를 통제하는 데 유용할 수 있다는 것이 밝혀졌다. 이 나노입자는 긴 수명을 갖는데, 이는 그 살충 활성 측면에 있어서 장점이 될 수 있지만, 예상치 못한 환경적 또는 생태학적 영향을 미칠 경우는 잠재적 단점이 될 수 있다.

나노기술과 DNA(Nanotechnology and DNA)

 DNA로부터 만들어진 나노구조는 많은 잠재적인 용도를 가지고 있다. DNA는 자연의 정보 저장 분자이며 유기체의 단백질에 필요한 코드를 운반한다. 게다가 그 구조는 정보가 한 세대에서 다른 세대로 복제되도록 한다. 핵산 염기(ATGC)는 유전자 알파벳이고, 염기쌍이 항상 A-T 또는 G-C가 되도록 분자 인식 과정이 일어난다. 이것은 RNA 분자의 3D 모양은 물론, DNA의 이중나선 구조에 매우 중요하다.

 과학자들은 존재하는 염기의 배열순서에 따라 결정되는 예측 가능한 모양으로 자기 조립하는, 단일 가닥(single-stranded) DNA 분자를 합성하기 위해 염기 페어링(base pairing)을 이용하였다. 예를 들어, 한 DNA 가닥이 그 가닥의 다른 부분에 보완적인 염기서열을 함유하고 있다면, 이 분자는 염기 페어링을 허용하기 위해 감길 수 있다(그림 116). 이 접근법을 이용하여 과학자들은 DNA를 사용하여 3D 모양뿐 아니라 2D 사진을 만들었다. 이것은 DNA 오리가미(origami, 종이접기)라고 알려진 과정이다.

 이 방법은 감지(sensing), 계산(computation), 그리고 세포-표적화(cell-targeting)와 같은 로봇 작업을 수행할 수 있는 DNA 나노로봇(nanorobots)을 만드는 데 사용되었다. 한 연구 그룹은 직경 35nm, 길이 45nm의 배럴-모양 DNA 로봇을 개발했다. 이 구조물은 조개처럼 배럴이 열리도록 하는 힌지(hinge)를 포함한다. 나노로봇이 DNA 가닥과 상호작용하는 항원을 만날 때까지 그 배럴을 닫힌 상태로 유지하기 위해 짧은

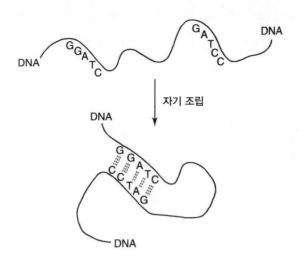

〈그림 116〉 DNA 오리가미.

DNA 가닥이 존재한다. 이것은 배럴을 잠금 해제하고, 다음 열어서 그 내용물을 방출할 수 있다. 지금까지는 나노로봇이 세포 배양에서만 실험되었지만, 약물이나 항체를 체내의 특정 부위로 운반할 수 있는 가능성이 있다. 약물 전달을 위한 유사한 아이디어에는 전립선 암 세포에 고유한 RNA 분자와 상호작용할 때 '압축을 풀도록(unzip)' 설계된 DNA 큐브가 있다.

빛에 반응하여 표면을 따라 흔적을 따라갈 수 있는 DNA '보행자(walker)'가 설계되었다. 그 흔적은 DNA 가닥으로 표시되는 일련의 '장대(poles)'로 구성되어 있으며, 각 장대는 긴 부분과 짧은 부분을 가지고 있다. 보행자는, 하나는 짧고 하나는 긴, 두 개의 DNA 다리를 갖고 있다. 보행자는 긴 다리를 장대의 긴 부분에 그리고 짧은 다리를 장대의 짧은 부분에 결합하면서, 첫 번째 장대에 결합한다. 표면에 빛을 비추면, 장대의 짧은 부분이 긴 부분에서 분리되어 떠내려간다. 보행자의 짧은 다리는 이제 자유롭게 다음 장대의 짧은 부분을 찾아내고 그것에 결합한다. 성공하면 그것은 긴 다리를 그것과 함께 당긴다. 이론적으로 이 시스템은 나노랩(nanolaboratory)을 설계하는 데 사용될 수 있는데, 여기서 보행자는 다른 장대의 빌딩블록을 픽업하고 그것들을 결합하여 생성물을 만든다.

나노소자 및 나노머신의 예시
(Examples of nanodevices and nanomachines)

나노소자는 분자 수준에서 기구나 기계를 모방하여 설계되고 있다. 예를 들어, DNA 염기서열을 분석할 수 있는 메모리 스틱 크기의 나노소자가 설계되었다. 그 소자는 두 개의 단백질을 사용한다. 그 단백질 중 하나는 알파−용혈소(α-hemolysin)라고 불리는 천연 단백질이 유전적으로 변형된 형태이다. 이 단백질은 기공(pore)을 포함하고 있고 막과 같은 표면에 박혀 있어서, 막을 통해 나노기공이 만들어진다. 두 번째 단백질은 DNA와 결합할 수 있으며 기공 단백질의 외부 표면에 연결되어 있다. 이것이 DNA와 결합하면 이것은 나노기공을 통해 DNA를 공급한다. DNA가 기공을 빠져나가면서, 어떤 염기가 통과하는지에 따라 그 기공을 통한 이온의 흐름이 달라진다. 이온 흐름의 변화는 측정될 수 있고 DNA의 염기서열이 판독될 수 있도록 해준다. 현재, 이 장치는 최대 48,000개 염기까지 서열을 밝힐 수 있다. 비슷한 접근법이 잠재적으로 단백질의 서열을 밝힐 수 있다.

탄소 나노튜브, 풀러렌, 그리고 그래핀을 포함하는 전탄소(all-carbon) 태양광 전지가 만들어졌다. 탄소 나노튜브는 광 흡수체와 전자 공여체 역할을, 풀러렌−60 버키볼은 전자 수용체 역할을 한다. 이들은 환원된 그래핀 옥사이드 양극과 더 많은 탄소 나노튜브로 이루어진 음극 사이에 끼워져 있다. 전지의 효율은 너무 낮아 상업적으로 유용하지 않지만, 이 기술은 현재의 태양 전지에 도입되어 이들을 더 저렴하고 효율적으로 만들 수 있다.

많은 연구팀들이 분자 모터보트, 자동차, 그리고 기차의 설계와 같은 다소 특이해 보일 수 있는 프로젝트에 참여했다. 이것들은 단지 호기심에 지나지 않는 것처럼 보일지 모르지만, 이러한 프로젝트로부터 얻은 지식은 결국 상업적으로 유용한 나노머신으로 이어질 수 있다. 나노카 (nanocar)의 한 예는 2005년에 합성되었다(그림 117). 바퀴는 풀러렌이며, 직선 사슬형의 방향족 고리와 알카인 그룹으로 구성된 강직한 분자가 차대(chassis) 역할을 한다. 사실 이 장치는 보다 적절하게 나노카트 (nanocart)로 묘사되는데, 왜냐하면 이것을 추진할 분자 모터가 없기 때문이다. 그러나 연구팀들은 이에 대해 연구하고 있다! 버키볼 바퀴와 차대를 연결하는 결합이 회전 가능하기 때문에 이 장치는 표면을 가로질러 굴러갈 수 있다.

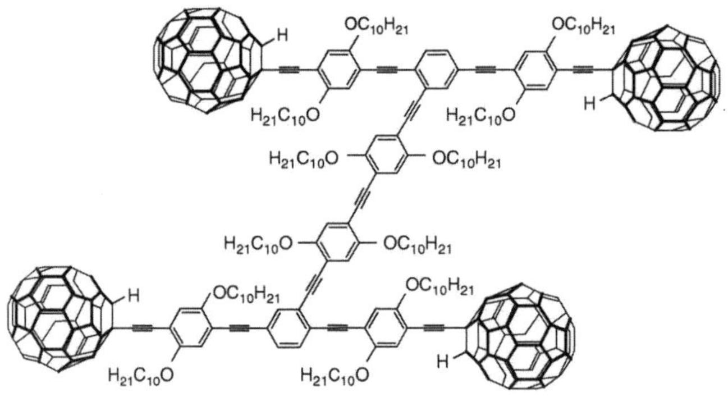

〈그림 117〉 나노카(nanocar)

나노기술: 안전 및 독성학
(Nanotechnology: safety and toxicology)

나노기술은 이미 코팅, 섬유, 식품, 화장품, 그리고 의약품 등에 사용되고 있으며, 미래 사회에 큰 영향을 미칠 것이 확실하다. 잠재적인 응용 분야는 많지만, 나노물질이 대규모로 도입되기 전에 엄격한 안전성과 독성 실험을 수행하는 것이 중요하다. 예를 들어, 만약 이것들이 흡입되거나, 삼키거나, 피부를 통해 흡수된다면, 이것들은 인간의 건강에 어떤 영향을 미칠까? 이것들이 폐를 자극할 수 있고, 미세먼지 속에서 숨쉬는 것과 비슷한 손상을 일으킬 수 있을까? 나노 입자들이 인간의 면역체계에 어떤 영향을 미칠까? 만약 많은 양의 나노 입자들이 환경으로 유입된다면, 그것들은 곤충, 새, 물고기, 그리고 동물들에게 어떤 영향을 미칠까? 마지막으로 나노기술은 범죄자, 테러리스트, 그리고 부도덕한 기관들에 의해 어떻게 남용될 수 있을까?

이러한 질문은 이미 제기되었으므로, 어떤 위험이 있는지 평가하기 위해 적절하게 설계된 테스트를 수행해야 한다. 불행하게도, 지금까지 수행된 많은 독성학적 연구들은 테스트 물질의 과도한 양 때문에 결함이 있었다. 적절한 독성 테스트는 현실적인 조건과 농도 하에서 물질이 안전한지 여부를 확립해야 한다. 예를 들어, 식탁용 소금은 높은 용량에서 독성이 있다고 나올 수 있지만, 아무도 그것을 슈퍼마켓 선반에서 치우는 것을 심각하게 고려하지 않을 것이다. 이 목적을 달성하기 위해, 나노 기술을 감독할 규제 시스템을 도입하는 것에 대한 논의가 있었다. EU는 이미 나노 입자에 대한 독성 테스트가 어떻게 수행되어야 하는지에 대한 지침서를 발행하였다(2011년).

참고문헌(Further reading)

Organic Chemistry, 2nd edition, 2012, by Jonathan Clayden, Nick Greeves, and Stuart Warren, Oxford University Press.

Organic Chemistry, 8th edition, 2011, by John E. McMurry, Brooks/ Cole.

Foundations of Organic Chemistry (Oxford Chemistry Primers), 1997, by Michael Hornby, Oxford University Press.

Beginning Organic Chemistry (Workbooks in Chemistry), 1997, by Graham L. Patrick, Oxford University Press.

Organic Chemistry I for Dummies, 2016, by Arthur Winter, John Wiley and Sons.

Organic Chemistry II for Dummies, 2010, by John T. Moore, John Wiley and Sons.

BIOS Instant notes in Organic Chemistry, 2003, by Graham Patrick, Taylor and Francis.

An Introduction to Drug Synthesis, 2015, by Graham Patrick, Oxford University Press.

색인(Index)

ㄱ

가교 고분자 crosslinked polymer	197
가황(공정) vulcanization	191
감미료 sweeteners	178-182
감자마름병 potato blight	156
감지 detection	176
개미 기피제 ant repellant	174
거대분자 macromolecules	75
거울상이성질체 enantiomers	32-33, 172
프리바이오틱 합성 prebiotic synthesis	93
냄새 scents	172
건조제 drying agent	64
게르마크렌 D germacrene D	153
견고화 rigidification	115
결정화 crystallization	64
결합 부위 binding site	113
결합 영역 binding regions	113
계피 cinnamon	154
고무(탄성체) rubbers	184, 191-192
고처리량 스크리닝 high-throughput screening	105, 110
고체상 분자 스위치 solid-state molecular switches	222
곤충성장조절제 insect growth regulators	150
곤충퇴치제(기피제) insect repellants	141, 153
공룡 dinosaurs	169
공액계 conjugated systems	165
공정 개발 process development	120
광감제 photosensitizing agent	170
광로돕신 photorhodopsin	165
광수용체 photoreceptors	171
광역학치료법 photodynamic therapy	170
교차 내성 cross-resistance	156
구아닌 guanine	78
구조-기반 약물 설계 structure-based drug design	117
구조해석 structural analysis	66
구조-활성 관계 structure-activity relationships	107, 113
구충제 antiparasitic drugs	127
국소 마취제 local anaesthetics	44, 48, 49, 104
국제순수응용화학연합 International Union of Pure and Applied Chemistry (IUPAC)	23
군집붕괴현상 colony collapse disorder	127, 147
그라파이트(흑연) graphite	211
그래핀 graphene	212
글락소스미스클라인 GlaxoSmithKline	124
글루코스 glucose	97
글루탐산 glutamic acid	75
글리신 glycine	75
글리코겐 glycogen	96
글리포세이트 glyphosate	160-161
글린(클로르설푸론) Glean	159
금속-유기 골격체 metal-organic frameworks(MOF)	222
기적의 열매 miracle fruit	181
기질 substrate	82
길항제 antagonists	108
깔때기 거미줄거미 funnel web spider	150

ㄴ

나노기술 안전과 독성학 nanotechnology: safety and toxicology	231
나노랩 nanolaboratory	228

나노머신 nanomachines	229-230
나노소자 nanodevices	229
나노시퀀서, DNA의 nanosequencer of DNA	229
나노입자 nanoparticles	224
나노전자 nanoelectronics	216, 221
나노카 nanocar	214
나노캡슐 nanocapsules	224
나노튜브 nanotubes	215-216
나일론 nylons	96, 185, 193
나폴레옹 전쟁 Napoleonic wars	142
나프틸피로발레론 naphthylpyrovalerone	129
나한과 monk fruit	181
난연제 fire retardant	98-99
남용 약물 drugs of abuse	128
냅튠(해왕성) Neptune	91
네레이스톡신 nereistoxin	148
네오니코티노이드 살충제 neonicotinoid insecticides	145-148
네오탐 neotame	178
네오프렌 neoprene	191
노르플루라존 norflurazon	159
노벨상 Nobel Prize	49, 135, 172, 188, 212, 214
노보자임 Novozymes	95, 96
녹내장 glaucoma	103
농약 중독 해독제 antidote to pesticide poisoning	103
뉴클레오타이드 nucleotides	77-78
뉴트라슈티컬(기능식품), 그 전달 neutraceuticals, delivery of	224
니코틴 nicotine	134, 145-146, 182
니코틴 수용체 nicotinic receptor	145-146
니트로, 아민으로 전환 nitro, conversion to amine	48

니트로셀룰로오스 nitrocellulose	184
니트릴 nitrile	35
님 나무 neem tree	134, 154

ㄷ

다공성 유기 폴리머 porous organic polymers	206
다마세논 damascenone	172
다마스콘 damascone	175
다불화 고분자 polyfluorinated polymers	198
다시마 kelp	154
다이니마 Dyneema	185
다이메틸설폭사이드 dimethyl sulphoxide	56
다이메틸포름아미드 dimethylformamide	56
다이아몬드 diamond	211
다이에틸 에테르 diethyl ether	62
다이클로로메탄 dichloromethane	56, 62
단맛 삼각형 sweetness triangle	180
단백질 proteins	75-76
상업적 용도 commercial applications	98
단백질 기능 protein function	82-85
단백질 1차구조 protein primary structure	76
단절 disconnection	54
담배 딱정벌레 cigarette beetles	172
담배 모자이크 바이러스 tobacco mosaic virus	216
담배 추출물 tobacco extracts	145
담수화 필터 desalination filter	212
대머리 독수리 bald eagle	136
대사 metabolism	110
대통령 녹색 화학상 Presidential Green Chemistry Award	152
데리스 뿌리 derris roots	134
데속시피프라드롤 desoxypipradrol	129
데이크론 Dacron	195
데이터 저장 data storage	98
뎅기 바이러스 열병 dengue viral fever	176

도킹 사이트 docking sites	218	로다민 rhodamine B	167
도킹 스테이션 docking stations	218	로버트 로빈슨 경 Robinson, Sir Robert	49
도파민 약물특이분자단 dopamine pharmacophore	115, 116	로버트 우드워드 Woodward, Robert	49
독소포어 toxophore	154	로제타 탐사선 Rosetta probe	91
동소체 allotropes	211	로즈마리 rosemary	154
듀퐁 Du Pont	95	로탁세인 rotaxanes	52, 217-223
디디티 DDT	135-137	데이지-체인(직렬연결) daisy-chain	223
디마졸 dimazole	47	로테논 rotenone	134
디아조 그룹 diazo group	167	롬앤하스 Rohm and Haas	152
디엔, 중합 dienes, polymerization	191	루이 샤르도네 Chardonnet, Louis	184
디옥시리보스 deoxyribose	78	루카 투린 Turin, Luca	177
디옥시리보핵산(DNA) deoxyribonucleic acid(DNA)	78, 79, 86-88	리걸하이 legal highs	128
상업적 용도 commercial applications	98	리그닌 lignin	199
나노기술 nanotechnology	226	리날룰 옥사이드 linalool oxide	176
오리가미 origami	226	리모넨 limonene	172
디트(DEET) DEET	176	리보스 ribose	78
		프리바이오틱 합성 prebiotic synthesis	90
디페닐 카보네이트, 비스페놀 A와 반응 diphenyl carbonate, reaction with bisphenol A	196	리보자임 ribozymes	94
디플로스 dyflos	139	리보좀 ribosomes	86-88
디플루벤주론 diflubenzuron	152	리보핵산 ribonucleic acid(RNA)	78
ㄹ		리처드 액셀 Axel, Richard	172
라니티딘 ranitidine	108	리파아제 lipases	95
라세미체 racemate	49	린다 벅 Buck, Linda	172
라운드업 Roundup	161	리파아제 lipases	95
라이신 lycine	75	린다 벅 Buck, Linda	172
라이코펜 lycophene	166	ㅁ	
라이크라 Lycra	185, 196	마그네타이트(자철석) magnetite	171
락트산 lactic acid	202	마약 social drug	128
랴노이드 ryanoids	150	마이토톡신 maitotoxin	50
런던 분산력 London dispersion forces	37, 39	마하트마 간디 Gandhi, Mahatma	168
레바우디오사이드 rebaudioside A	181	말라리아 malaria	103, 176, 225
레이온 rayon	184	말라티온 malathion	140
레트로합성(역합성) retrosynthesis	53-55	매독 syphilis	104
렉산 Lexan	196	매크로사이클 macrocycle	217-218

맨체스터 대학 University of Manchester · 212

메신저 RNA messenger RNA(mRNA) · 86-88

메탄 methane · 20-28, 89, 91, 206

메탄 포집 methane capture · 206

메탄알(포름알데히드) methanal · 22

메탈락실 metalaxyl · 154, 156

메토프렌 methoprene · 151

메티실린 methicillin · 123

메티실린-내성 황색포도상구균 methicillin-resistant S. aureus(MRSA) · 123

메틸렌디옥시프로발레론 methylenedioxyprovalerone · 129

메틸렌블루 methylene blue · 169-170

메틸카바메이트 살충제 methylcarbamate insecticides · 138

메페드론 mephedrone · 129

메피바카인 mepivacaine · 44

멘톨 menthol · 178

멜라노좀 melanosomes · 169

멜라닌 melanin · 169

모그로사이드 mogrosides · 179

모기 유인제 및 기피제 mosquito attractants and repellants · 176

모노머 monomers · 184

모노세린 monocerin · 154

모노에틸렌 글리콜 monoethylene glycol · 204

모르핀 morphine · 23, 49, 108

무스콘 muscone · 172

문어 octopus · 97

물 water · 37, 56

미각 taste · 178, 182

미각 수용체 taste receptors · 178

미국 남북전쟁American Civil War · 51

미국 식품의약국 Food and Drug Administration (FDA) · 122

미라쿨린 miraculin · 181

미세플라스틱 microplastic · 203

민감반응 sensitization · 176

ㅂ

바닐라 vanilla · 178

바닐린 vanillin · 178

바다 달팽이 sea snails · 168

바로아 진드기 varroa mite · 127, 148

바비튜레이트 barbiturates · 104

바스프 BASF · 168

바실러스 서브틸리스(고초균) Bacillus subtilis · 154

바이엘 크롭사이언스 Bayer Cropscience · 147

바이오어세이(생물학적검증) bioassays · 110

바이오에탄올 bioethanol · 96

바이오연료 biofuels · 96

바이오플라스틱 bioplastics · 204

박막 크로마토그래피 thin layer chromatography(TLC) · 57

반데르발스 상호작용 van der Waals interactions · 37, 40

반응 메커니즘 reaction mechanisms · 70-71

발기부전약 anti-impotence drug · 111

발린 valine · 75, 159

발색단 chromophore · 166

발열 반응 exothermic reaction · 56

방사선 합성 radiosynthesis · 107, 121

방향족 고리 aromatic ring · 35

배설 excretion · 110

배터리(전지) batteries · 99, 212

버드나무 껍질 willow bark · 103

버크민스터 풀러렌 C60 Buckminster fullerene C60 · 213

버키볼 buckyballs · 52, 216, 229

번역 translation · 87-88

벌 bees · 127

　살충제 감수성(민감성) susceptibility to insecticides · 143, 148

베노밀 benomyl — 154

베스터-울브리히트 가설 Vester-Ulbrecht hypothesis — 92

베타 차단제 beta-blockers — 45, 105

베타 카로틴 b-carotene — 166

베트남 전쟁 Vietnam war — 158

벤젠 benzene — 28-31

벤조카인 benzocaine — 49-50

벤즈알데하이드 benzaldehyde — 178

보호/보호해제 전략 protection/deprotection strategy — 49

부가 고분자 addition polymers — 186-191

부가 중합 addition polymerization — 186

부동액 antifreeze — 97

부틸 고무 butyl rubber — 192

분자 근육 molecular muscles — 223

분자 근육섬유 molecular muscle fibre — 223

분자 모델링 molecular modelling — 105

분자 셔틀 molecular shuttle — 217-218

분자 스위치 molecular switch — 218

분자 와이어 molecular wires — 222

분자 컴퓨터 molecular computers — 210, 216

분자 합성머신 molecular synthetic machines — 220-221

분자내 및 분자간 상호작용 intermolecular and intramolecular interactions — 37

분포 distribution — 110

브라제인 brazzein — 181

블랙 시가토카 Black Sigatoka — 156

비가역적 억제제 irreversible inhibitors — 139

비스구아이아콜-F bisguaiacol-F(BGF) — 199

비스마르크 브라운 Bismarck Brown Y — 167

비스페놀 A bisphenol A — 198

디페닐 카보네이트와 반응 reaction with diphenyl carbonate — 196

비타민 D vitamin D — 224

비트렉스 Bitrex — 182

빈클로졸린 vinclozolin — 154

ㅅ

사란 Saran — 192

사린 sarin — 139

사이안트라닐리프롤 cyantraniliprole — 150

사이클로헥산 cyclohexane — 28-29

사이토신 cytosine — 78

사이토크롬 cytochrome P450 CYP15 — 151

사이퍼메트린 cypermethrin — 144

사카로폴리스포라 스피노사 Saccharopolyspora spinosa — 148

사카린 saccharin — 178-180

사퀴나비르 saquinavir — 108

산염화물 acid chloride — 35

아민과의 반응 reaction with amine — 194

산할로겐화물 acid halide — 35

산화-생분해성 플라스틱 oxo-biodegradable plastics — 203

살리실산 salicylic acid — 103

살부타몰 salbutamol — 108

살진균제 fungicides — 154-156

살충제 insecticides — 134-153

삼중항 코드 triplet code — 87

삼차-부틸 티올 tertiary-butyl thiol — 174

상승제 synergist — 143

상아 ivory — 200

색 colour — 165-170

생분해성 플라스틱 biodegradable plastics — 202

생체내 테스트 in vivo testing — 110, 111

생체외 테스트 in vitro testing — 110, 111

샤넬 5번 Chanel No 5 — 175

선도 화합물 lead compound — 104, 106-107, 112-113

선택적 세로토닌 재흡수 억제제 selective serotonin reuptake inhibitors — 108

설폭시민 sulfoximines — 148

설폰아마이드 sulphonamides	104, 111, 169
설푸론 sulfurons	159
성 페로몬 sex pheromones	172
세계보건기구 World Health Organization (WHO)	124
세로토니 serotoni	129
세로토닌 serotonin	108
세리코닌 serricornin	172
세빈 Sevin	138
세사멕스 sesamex	142
세제 detergents	96
세제(가루비누) washing powders	95
세턴(토성) Saturn	91
세팔로스포린 cephalosporins	126
센서 sensors	176, 205, 213, 216
셀룰라아제 cellulases	96
셀룰로이드 celluloid	184, 200
셀릭 Cellic	96
소라페닙 sorafenib	119
소만 soman	139
송골매 peregrine falcon	136
수면병 sleeping sickness	135
수소결합 hydrogen bonds	37-40
수소결합받개 hydrogen bond acceptor(HBA)	179
수소결합주개 hydrogen bond donor(HBD)	179
수송 단백질 transport proteins	85, 108
수용체 receptors	84
수의약품(동물약) veterinary drugs	126-127
수크랄로스 sucralose	178
수크로스 sucrose	178-181
수퍼글루(초강력 접착제) super glue	197
스마트 의류 smart clothing	97, 205
스칼렛 GN scarlet GN	167

스컹크 skunk	174
스탠리 밀러 Miller, Stanley L.	89
스테로이드 steroids	80, 84
스테모폴린 stemofoline	148-149
스테비올 글리코사이드 steviol glycosides	181
스트로빌루린 strobilurins	155
스톡홀름 협약 Stockholm convention	136
스티렌-아크릴로니트릴 수지 styrene-acrylonitrile resin(SAN)	192
스피노신 spinosyns	148
스피어민트 오일 spearmint oil	178
시각 vision	165
시메티딘 cimetidine	108
시스-자스몬 cis-jasmone	172
시안아미드 cyanamide	93
시안산암모늄 ammonium cyanate	13
시안화물 cyanide	177
시카고 대학 University of Chicago	89
시클라메이트 cyclamate	178, 180
시타글립틴 sitagliptan	95
시트랄 citral	172
시트로넬라 citronella	154
시트로넬롤 citronellol	175
식물 호르몬 plant hormones	157
신경근육 차단제 neuromuscular blocker	51
신경독 neurotoxin	50, 148
신경독소 nerve toxins	139
신경전달물질 neurotransmitters	84, 114, 138
신남알데하이드 cinnamaldehyde	154
신톤 synthon	54
신흥 기술상 Emerging Technology Award	212
실데나필 sildenafil	111
ㅇ	
아데닌 adenine	78

프리바이오틱 합성 prebiotic synthesis 90

아드레날린 adrenaline 23

아디프산 adipic acid 97

아마이드 amide 35

  아민과 산염화물 from amine and acid chloride 194

  아민과 에스터 from amine and ester 44

  아민과 카르복실산 from amine and carboxylic acid 186, 193

아몬드 almonds 178

아미노산 amino acids 75-76

  프리바이오틱 합성 prebiotic synthesis 90

아미늄 aminium ion 36, 39

아민 amine 34-36

  니트로 from nitro 48

  산염화물과 반응 reaction with acid chloride 194

  알데하이드와 반응 reaction with aldehyde 175-176

  알킬 할라이드와 반응 reaction with alkyl halide 54

  에스터와 반응 reaction with ester 44

  에폭사이드와 반응 reaction with epoxide 45-46, 197

  카르복실산과 반응 reaction with carboxylic acid 186

아밀라아제 amylases 96

아세토락테이트 신타제 억제제 acetolactate synthase inhibitors 160

아세톤 acetone 56

아세트산에틸 ethyl ethanoate 56

아세틸렌 acetylene 22

아세틸콜린 acetylcholine 83, 138, 145

아세틸콜린에스터라제 acetylcholinesterase 138, 139

아세틸콜린에스터라제의 세린 serine in acetylcholinesterase 139

아스파탐 aspartame 178, 179

아이보리 웨이브 ivory wave 129

아이스크림 ice creams 98

아자디라크틴 azadirachtin 134

아족시스트로빈 azoxystrobin 154

아크릴로니트릴 부타디엔 스티렌(ABS 플라스틱) acrylonitrile butadiene styrene (ABS) 192

아트라진 atrazine 158

아트로핀 atropine 103

아편 opium 103

악취나무 stink tree 157

안드로스테논 androstenone 173

알데하이드 aldehyde 175

  아민과 반응 reaction with amine 175

알드린 aldrin 136

알라닌 alanine 32

알람 페로몬 alarm pheromones 173

알레르기약 allergic chemicals 175

알렐로파시(타감 작용) allelopathy 157

알츠하이머병 Alzheimer's disease 123

알키인 alkynes 35

  로탁세인에서 in rotaxanes 221

알켄 alkene 35

  중합 polymerization 186-192

알코올 alcohol 35

  알킬 할라이드 from alkyl halide 46

  에스터와 반응 reaction with ester 44

  카르복실산과 반응 reaction with carboxylic acid 186

  케톤의 환원 from reduction of ketone 59

  IR 흡수 ir absorption 59

알킬 할라이드 alkyl halide 35, 45

  아민과 반응 reaction with amine 54

  페놀과 반응 reaction with phenol 46

  NaOH와 반응 reaction with NaOH 70

알파-용혈소 a-hemolysin 229

알풍뎅이 Japanese beetle 173

약물 전달 drug delivery	192, 224
약물동력학 pharmacokinetics	110
약물역학 pharmacodynamics	110
약물특이분자단 pharmacophores	113-115
양귀비 poppy plant	49
에딘버러 대학 Edinburgh University	219
에르고사이드 ergoside	181
에리트리톨 erythritol	181
에스터 ester	35
아민과 반응 reaction with amine	44
알코올과 반응 reaction with alcohol	186,195
알코올과 에스터 from alcohol and ester	186,195
알코올과 카르복실산 from alcohol and carboxylic acid	186
에스트라디올 estradiol	24-25, 30-31
약물특이분자단 pharmacophores	114
에스트로겐 oestrogen	198
선택성 selectivity	134
에타인 ethyne	22
에탄 ethane	21
에탄올 ethanol	56, 96, 204
에탄올산(아세트산) ethanoic acid	83, 139
에테르 ether	35
에폭사이드와 알킬 할라이드 from epoxide and alkyl halide	45
페놀과 알킬 할라이드 from phenol and alkyl halide	45
HBr과 반응 reaction with HBr	47
에텐 ethene	27-28
에틸아세테이트 ethyl acetate	56, 62
에볼라 Ebola	98
에이전트 오렌지 Agent Orange	158
에코닉 테크놀로지 Econic Technologies	206
에폭사이드 epoxides	45
중합 polymerization	190
아민과 반응 reaction with amines	46
이산화탄소와 반응	206
에폭시 수지 epoxy resins	198
에폭시 시멘트 epoxy cements	197
엑디손 ecdysone	150
엑디손 수용체 ecdysone receptor	152
엑스터시 ecstacy	128
엘라스틴 elastin	82
여과 filtration	64
여왕벌 물질 Queen bee substance	174
염 salt	212
염기 페어링 base pairing	78, 226
염료 감응형 태양전지 dye-sensitized solar cells	170
영국 왕립화학회 Royal Society of Chemistry	212
예일 대학 Yale university	169
오레가노 oregano	154
오징어 squid	97
오크 이끼 oak moss	175
옥시테트라사이클린 oxytetracycline	127
옥신 auxins	157
올리고 뉴클레오타이드, 프리바이오 틱 합성 oligonucleotides, prebiotic synthesis	93
옵신 opsin	166
요오드 iodine	58
용매 solvents	56
우레아 urea	13
우루시올 urushiols	175
운석 meterorites	91
울로클라디움 우데만시 *Ulocladium oudemansii*	154
울름 대학 University of Ulm	177
원소 분석 elemental analysis	66
원자가전자 valence electrons	19
웨스트 나일 바이러스 West Nile virus	151
위장(카무플라주) camouflage	97

위치선택성 regioselectivity	46
유기염소 살충제 organochlorine insecticides	137
유기인산염 organophosphates	138-139
유기인산염 살충제 organophosphate insecticides	139-140
유도 맞춤 induced fit	83
유럽 식품안정청 European Food Safety Agency(EFSA)	180
유럽 의약품 평가청 European Agency for the Evaluation of Medicinal Products (EMEA)	122
유멜라닌 eumelanin	169
유배노이드 juvenoids	151
유전공학 genetic engineering	95
유제놀 eugenol	175
유충 호르몬 juvenile hormone	150-151
의약품 설계 drug design	105, 117
의약품 시험 drug testing	110-111
의약품 최적화 drug optimization	107, 117
의약품 후보물질 drug candidates	118
이리도포어 iridophores	97
이민, 알데하이드와 아민으로부터 imines, from aldehydes and amines	175
이미다클로프리드 imidacloprid	145-147
이버멕틴 ivermectin	127
이산화탄소 carbon dioxide	176
이산화탄소 포집 carbon dioxide capture	206
이온 상호작용 ionic interactions	37
이온 채널 ion channels	84
살충제에 대한 표적 targets for insecticides	137, 142, 150
이.패칼리스 E.faecalis	124
인간 게놈 human genome	105
인디고 indigo	167
인산화반응 phosphorylation	105
일반 마취제 general anaesthetics	104
임상시험 clinical trials	107, 122
입체화학 stereochemistry	26-33

ㅈ

자기장 감지 magnetic field detection	171
자스민 jasmine	172
자아소멸 annihilation	129
자포닐루어 Japonilure	173
작용기 functional groups	34-35
작용기 전환 functional group transformations	47
작용제 agonists	108
장미 향 rose scent	172
적외선 분광법 infrared spectroscopy	59
전구약물 prodrugs	111, 133, 140
살충제로서 as insecticides	140
전달 RNA transfer RNA(tRNA)	86-88
전분 starch	96
전사 transcription	87
전임상 시험 preclinical trials	107, 118
전자 코 electronic noses	176
전환가능 촉매 switchable catalyst	219
정제 purification	62
제라니올 geraniol	175
제아잔틴 zeaxanthin	166
제초제 herbicides	157-161
제형 formulation	121, 155
주글론 juglone	157
주기율표 periodic table	12
주사전자현미경 scanning electron microscope	169
주피터(목성) Jupiter	91
증류 distillation	64
지그문트 프로이드 Freud, Sigmund	128
지방산 fatty acids	80
지옥 나무 tree from Hell	157

지적재산권의 무역관련 협정 trade-related aspects of intellectual property rights (TRIPS)	118
진단 장치 diagnostic devices	98
진통제 analgesics	49, 51, 108
질량 분석법 mass spectrometry	66
질롯 힐 국제연구센터 Jealott's Hill International Research Centre	154

ㅊ

차 나무 tea tree	154
찰스 굿이어 Goodyear, Charles	191
찰스 다윈 Darwin, Charles	89
천국 나무 tree of heaven	157
천연가스 natural gas	174
천왕성 Uranus	91
천체화학 astrochemistry	63
철새이동 bird migration	170
청어 정자 herring sperm	98
초회-통과 효과 first-pass effect	111
추출 extraction	34, 62-63
축합 고분자 condensation polymers	193-196
축합 중합 condensation polymerization	193

ㅋ

카로티노이드 carotenoid	171
카르본 carvone	172, 178
카르복실산 carboxylic acid	34-36, 63
알코올과 반응 reaction with alcohol	186
아민과 반응 reaction with amine	186, 193
카바릴 carbaryl	138
카바존 carbazones	159
카복실레이트 이온 carboxylate ion	34, 36, 39, 63
카시니 탐사선 Cassini probe	91
카이랄 중심 chiral centres	31
카이랄성 chirality	32
카페인 caffeine	103

칸나비노이드 cannabinoids	129
칼라바 콩 calabar bean	138
캡토프릴 captopril	108
커플링 반응 coupling reactions	47
커플링 패턴 coupling patterns	67-68
케라틴 keratin	82
케모포비아(화학혐오증) chemophobia	15
케미컬 라이브러리 chemical libraries	106
케블라 Kevlar	193-195
케톤 ketone	34
알코올 환원 reduction to alcohol	59
IR 흡수 ir absorption	59
코들링 나방 애벌레 codling moth larva	174
코리(일라이언스 제임스) Corey, E. J.	50
코카 잎 Coca leaves	103
코카인 cocaine	103, 128
코카콜라 Coca Cola	204
코카콜라 라이프 Coca Cola Life	181
코폴리머(공중합체) copolymers	191-192
콘드라이트 chondrites	92
콜라겐 collagen	82
콜린 choline	83, 139
콜린성 수용체 cholinergic receptors	145
퀴논 외부 억제제 quinone outside inhibitors	154
퀴닌 quinine	49, 103
큐리오시티 로버 Curiosity Rover	91
크로마토그래피 chromatography	57
크리산티멈(국화) chrysanthemums	134
크립토크롬 cryptochromes	171
큰뒷부리도요 bartailed godwits	170
클로란트라닐리프롤 chlorantraniliprole	150
클로로필(엽록소) chlorophyll	166
클로르설푸론 chlorsulfuron	159
클로르피리포스 chlorpyrifos	140
키나아제 kinases	105

키나아제 억제제 kinase inhibitors	123
키틴 chitin	152

ㅌ

타분 tabun	139
타우마틴 thaumatin	181
타이탄(토성의 달 중 하나) Titan	91
타트라진 tartrazine	167
탁솔(파클리탁셀) Taxol	224
탄소 동소체 carbon allotropes	211-214
탄소 태양전지 carbon photovoltaic cell	229
탈피 과정, 살충제 표적 molting process, target for insecticides	150
테라노스틱 theranostics	224
테르펜 terpenes	153
테부페노자이드 tebufenozide	152
테오브로민 theobromine	126
테오필린 theophylline	103
테트라플루오로에텐 tetrafluoroethene	189
테트라하이드로퓨란 tetrahydrofuran	56
테프론 Teflon	189, 198
토르베른 베르그만 Bergman, Torbern	12
토마토 tomatoes	153
톨루엔 toluene	56
튜보쿠라린 tubocurarine	51
트리아졸 살진균제 triazole fungicides	154
트리아진 제초제 triazine herbicides	158
트리탄 Tritan	199
특허 patenting	107, 118
티리안 퍼플 Tyrian purple	168
티민 thymine	78
티올(싸이올) thiols	174
티프스(장티프스) typhus	135

ㅍ

파라티온 parathion	140
파이-파이(pi-pi) 상호작용 π-π interaction	218
파클리탁셀(탁솔) paclitaxel(Taxol)	224
파킨슨병 Parkinson's disease	123
판당고 Fandango	155
페노트린 phenothrin	144
페놀 phenol	35-36
방향족 에테르 로부터 from an aromatic ether	114
알킬 할라이드와 반응 reaction with an alkyl halide	35
페니실린 penicillins	104, 124, 126
페니실린 G penicillin G	80
페니실린 내성 resistance to penicillins	123
페로몬 pheromones	172-174
페로몬 트랩 pheromone traps	173
페오멜라닌 pheomelanin	169
펜타딘 pentadin	181
펩시 Pepsi	204
펩타이드 결합 peptide bond	76
포름아마이드 formamide	91
포름알데하이드 formaldehyde	22, 90
포이즌 아이비 (덩굴 옻나무) poison ivy	175
폭발물, 그 감지 explosives, detection of	176
폴 뮬러 Muller, Paul	136
결핵 tuberculosis	124
폴리락타이드 polylactides	202
폴리로탁세인 polyrotaxanes	222
폴리머(고분자) polymers	184-185
생분해성 biodegradable	202
자가치유 self-healing	205
수분 흡수 water absorption	110
폴리스티렌 polystyrene	184
재활용 recycling	201
폴리아크릴로니트릴 polyacrylonitriles	185
폴리(알켄) poly(alkenes)	184
폴리에스터 polyesters	185, 194, 199, 201

재활용 recycling	201
폴리에테르 polyethers	190
폴리에틸렌 polyethylene	188, 190
폴리에틸렌 글리콜 polyethylene glycol	98
폴리에틸렌테레프탈레이트 polyethylene terephthalate(PET)	204
폴리(에틸렌 푸란-2,5-디카복실레이트) poly(ethylene furan-2,5-dicarboxylate) (PEF)	204
폴리염화비닐 poly(vinyl chloride)	184, 189
폴리우레탄 polyurethanes	196
폴리우레탄, 메탄 포집 polyurethane, methane capture	206
폴리카보네이트 polycarbonates	196-199
이산화탄소 포집 CO_2 capture	206
재활용 recycling	201
폴리텐 polythene	188
폴리펩타이드 polypeptide	76
폴리펩타이드 탈포르밀 효소 polypeptide deformylase	124
폴리프로펜 polypropene	188
폴리프로필렌 polypropylenes	188, 199
폴리하이드록시알카노에이트 polyhydroxyalkanoates	202
폴리(N-이소프로필아크릴아마이드) poly(N-isopropylacylamide)	206
폴피린 porphyrin	171
표백 제초제 bleaching herbicides	159
푸란-2,5-디카르복실산 furan-2, 5-dicarboxylic acid	204
풀러렌 fullerenes	171, 213
나노휠 as nanowheels	230
프래킹(수압 파쇄법) fracking	97
프로카인 procaine	48
프로테아제(단백질분해효소) proteases	95, 96
프로티오코나졸 prothioconazole	155
프로판온 propanone	56
프로폭시카바존-나트륨 propoxycarbazone-sodium	159, 160
프로프라놀올 propranolol	108
프로플라빈 proflavin	169
프론토실 prontosil	111, 169
프리바이오틱 화학 prebiotic chemistry	89
바이오폴리머 biopolymers	93
플라스틱 재활용 plastic recycling	200
플루벤디아미드 flubendiamide	150
플루옥사스트로빈 fluoxastrobin	155
플루피라디푸론 flupyradifurone	148
피레트럼 pyrethrum	134, 141
피레트로이드 pyrethroids	127
피레트린 pyrethrins	134, 141-143
피레트린 내성 resistance to pyrethrins	142
피소스티그민 physostigmine	103, 138
피페로닐 부톡사이드 piperonyl butoxide	142
필래 Philae	91

ㅎ

항고혈압제 antihypertensives	108
항궤양제 antiulcer drugs	105
항균제 antibacterials	104, 124, 126
내성 resistance	123
수의학 실습 veterinary practice	127
항말라리아제 antimalarials	104
항미생물제제 antimicrobial agents	104
항바이러스제 antiviral drugs	105, 123
항생제 antibiotics	104
항암제 anticancer agents	105, 119
항염증제 anti-inflammatory agents	126
수의학 실습 veterinary practice	127
항우울제 antidepressants	108, 128
항정신성 약물 psychoactive drugs	128
항진균제 antifungal agent	154
항천식제 antiasthmatics	105, 108
해럴드 유레이 Urey, Harald C.	89

해양 환형충 marine annelid worm	148
해중합 depolymerization	201
핵산 nucleic acids	77-78
기능 function	86
향과 냄새 scent and smell	172-177
향수 perfumes	175
헤로인 heroin	128
헤모글로빈 haemoglobin	23
헨리 크로토 Kroto, Henry	214
형태 제한 conformational restriction	115
호두나무 walnut tree	157
호르몬 hormones	84
호호바 jojoba	154
화살독 arrow poison	51
화성 Mars	91
화학 개발 chemical development	61, 107, 120
화학 공간 chemical space	18
화학선택성 chemoselectivity	46
화학전 chemical warfare	139
화학 진화 chemical evolution	89-92
환원 reduction	59
활성 성분 active principle	158
활성 형태 active conformation	115
황(유황) sulphur	134, 191
황금무당거미 golden orb spiders	174
황산마그네슘 magnesium sulphate	64
황색포도상구균 *Staphylococcus aureus* (*S. aureus*)	123
황열병 yellow fever	135
효소 enzyme	82-84, 95, 108, 138-140
상업적 용도 commercial applications	98
효소 억제제 enzyme inhibitors	108, 159
후각 수용체 olefactory receptors	172, 177

휘발성 화학물질 감지 volatile chemicals detection	176, 205
흡수 absorption	110
흥분제 stimulants	128
A-Z	
1-나프톨 1-naphthol	45
1-브로모프로판 1-bromopropane	71
1-프로판올 1-propanol	70
2-부탄온 2-butanone	59
NMR	67
2-부탄올 2-butanol	59
NMR	67
2-부텐 2-butene	27
2,4-D 제초제 2,4-디	158
2-페닐에탄올 2-phenylethanol	175
4-클로로인돌-3-아세트산 4-chloroin세 dole-3-acetic acid	157
11-시스-레티날 11-cis-retinal	165
bicyclo[1.1.0]butane	51
cinerin 시네린	141
cubane 큐베인	51
cysteine 시스테인	81
dodecahedrane 도데카헤드레인	51
E102	167
E125	167
HIV 단백질분해효소 HIV protease	76
HIV 인간 면역 결핍 바이러스	123
ICI Imperial Chemical Industries	158, 188
jasmolin 자스몰린	141
LSD 리세르그산 디에틸아미드(환각제)	128
MDMA 3,4-methylenedioxymetham-phetamine , 일명 엑스터시 ecstacy	128
MGM 그랜드호텔, MGM Grand Hotel, Las Vegas	170
NMR 분광학 nmr spectroscopy	67-69, 105
N-C 커플링 N-C coupling	46, 48

O-C 커플링 O-C coupling	45, 47
phenylacetic acid 페닐아세트산	81
prismane 프리스메인	51
sodium borohydride 수소화붕소나트륨	59

VX 신경독의 일종	139
X-선 결정학 X-ray crystallography	66, 105, 113

옮긴이의 말

　역자는 유기화학(organic chemistry)과 고분자화학(polymer chemistry)을 전공 교과목으로 30여 년간 강의해 오면서 학문을 시작하는 대학생들이 이들 분야 및 인접 분야에 관한 기초적인 배경지식과 전반적인 아이디어를 얻은 다음 본격적으로 관련 전공교과 수강에 들어가는 것이 좋겠다는 생각을 평소 갖고 있었던바, 비교적 최근 발간된 작은 사이즈의 두껍지 않은 본서를 발견하고 이 책이 위 취지에 잘 맞고 유기 전공자들을 위한 입문서 내지 교양서로서 매우 유익하다고 생각하여 이 번역서의 발간을 추진하게 되었다.

　본서는 영국 옥스퍼드 대학 출판사에서 저명한 저자가 집필한 VSI 시리즈 도서 목록에 들어 있는 책이다. 앞서 서문에서 기술한 바대로, 본서는 유기화학이란 화학의 전통적인 한 영역을 다루는 전공 도서의 성격이기보다는 우리 인류의 실생활과 자연 및 환경 나아가 첨단의 과학 발전 분야에 깊이 연관되어 있는 '**탄소-함유 화합물의 화학**', 즉 유기화학을 인류 관심사의 한 주제로 선정하여, 그 내용을 유기분자의 구조, 합성에 관한 기초 원리부터 유기화학이 현재의 여러 소재산업에 미치는 유기화학의 영향에 관하여 함축적으로 기술하고 있다. 한편 책의 부피가 작고 내용이 간결하고 명확하게 기술되어 있어 유기화학 전공자들은 물론이고 인접 학문분야 전공자들이 큰 부담 없이 쉽게 접근할 수 있는 장점을 갖고 있어, 유관 전공분야(고분자 및 재료공학, 약학, 의학,

의공학, 생명과학) 및 기타 융합전공 학생들 모두에게 참고도서 내지 교양서로서 적극 추천하고 싶은 책이다.

아무쪼록 독자가 본 번역서를 통해 유기화학을 매우 흥미롭고 도전하고 싶은 자연과학 영역의 하나로 접근하는 데 도움이 되기를 기대한다.

마지막으로 본서의 출판을 지원해주신 성균관대학교 출판부와 그동안 편집과 교정에 힘써 주신 관계자 여러분께 깊이 감사드린다.

유기화학
초간단 입문서

1판 1쇄 인쇄 2025년 2월 24일
1판 1쇄 발행 2025년 2월 28일

지은이 그레이엄 패트릭
옮긴이 김지홍
펴낸이 유지범
펴낸곳 성균관대학교 출판부
등록 1975년 5월 21일 제1975-9호

주소 03063 서울특별시 종로구 성균관로 25-2
대표전화 02)760-1253~4
팩시밀리 02)762-7452
홈페이지 press.skku.edu

ISBN 979-11-5550-650-9 93430